LOCOMOTIVES A VAPEUR
DU MONDE ENTIER

Toutes les photographies sont de Colin Garratt (sur Agfachrome)

Traduction française de Nicolas Blot
Imprimé à Hong Kong par Leefung Asco Printers Ltd.

Dépôt légal octobre 1990
ISBN 2-87677-089-X

LOCOMOTIVES A VAPEUR
DU MONDE ENTIER

COLIN GARRATT

EDITIONS Soline

Sommaire

59
REPUBLICA DEL PARAGUAY
21-X-1961

LOCOMOTIVES A VAPEUR
DU MONDE ENTIER

Il est généralement admit que la première locomotive à vapeur fut la *Rocket* de Stephenson. Or, un quart de siècle plus tôt, en 1804, Richard Trevithick avait construit sa machine à vapeur dans une fonderie du pays de Galles. La *Rocket* établit toutefois certains principes de base : elle possédait une chaudière à tubes bouilleurs multiples, utilisait la vapeur d'échappement pour activer le foyer, et les roues étaient commandées directement par les bielles motrices. En dépit des efforts accomplis au cours des années suivantes par d'innombrables individus et équipes de concepteurs, ces caractéristiques fondamentales allaient perdurer tout au long de l'existence de la locomotive à vapeur.

L'avènement de la traction à vapeur s'accompagna d'une formidable accélération du développement industriel. Les matières premières pouvaient enfin être transportées rapidement et efficacement vers les centres de transformation puis, une fois manufacturées, vers les marchés de consommation ; les hommes cessaient d'être confinés dans les villages et les bourgs où ils avaient grandi ; en permettant une véritable révolution industrielle et sociale, la vapeur s'est ainsi assuré une place essentielle dans l'histoire des hommes et de leurs techniques.

Plus important peut-être que la vapeur elle-même est le système de transport dont elle a amené la création. La locomotive à vapeur présente en effet des faiblesses et inconvénients qui la rendent inadaptée aux conditions de certains pays, et notamment les plus développés. Sur un plan économique, il paraît néanmoins absurde d'envisager l'abandon total du chemin de fer, au profit exclusif des transports routiers. L'entretien et le développement des réseaux routiers exigent des ressources financières sans limites ; en outre, ce mode de transport entraîne un gaspillage effréné des réserves énergétiques de la planète. Les générations futures pourraient fort bien considérer le mouvement vers une dépendance écrasante envers les transports routiers comme l'un des pires actes de folie commis au cours du XXe siècle.

Au cours de son évolution, la locomotive à vapeur s'est diversifiée en des dizaines de milliers de types. Cette incroyable variété découlait de deux facteurs : tout d'abord, les réseaux ferroviaires du monde entier, des plus importants aux plus réduits, souhaitaient disposer de leurs propres modèles ; de plus, les constructeurs de locomotives durent s'adapter à des pressions constantes qui s'exerçaient dans le sens d'une augmentation de la masse et de la vitesse des trains.

Autre facteur de diversité : il n'existait dans le domaine du train à vapeur aucun concept stylistique internationalement accepté (contrairement à ce qui se produit dans le domaine des avions et des véhicules routiers). Bien qu'une certaine standardisation ait été imposée dans quelques pays, les "croisements" furent très rares entre les différentes "espèces" de locomotives. Quand ils se produisaient, c'était immanquablement à la suite d'une guerre, dans le cadre de réparations dues par une nation à une autre. Les constructeurs de locomotives (et surtout de locomotives industrielles) privés mirent au point leurs propres standards techniques et esthétiques, mais ceux-ci étaient fréquemment modifiés en fonction des besoins - et des goûts - de la clientèle. Fait remarquable, rares furent les machines désaffectées vendues à d'autres pays ; s'il est vrai que les différences d'écartement des voies d'un pays à l'autre interdisaient parfois ce genre de manœuvre, elles demeuraient possibles en de nombreuses circonstances, mais les modifications constantes des conditions d'opération - cause même de la diversité - les rendaient généralement inopportunes.

La série de locomotives à vapeur la plus importante de l'histoire fut la classe E soviétique à formule de roues 050, avec quelque quatorze mille exemplaires, suivie par la Kriegslokomotive 150 allemande, cheval de trait du IIIe Reich, construite à plus de six mille exemplaires. Les G8 et P8 prussiennes (de formule 040 et 230) avaient été respectivement produites au nombre de cinq mille et trois mille. Plus récemment, les Chinois ont atteint des chiffres comparables avec leur série QJ 151 (plus de quatre mille exemplaires en service). Ce sont là toutefois de spectaculaires exceptions à la règle, car l'immense majorité des modèles furent construits en petites séries, n'atteignant en moyenne pas même cinquante exemplaires par type de locomotive.

Les locomotives à vapeur peuvent être groupées en diverses catégories en fonction du rôle pour lequel elles ont été conçues. Dans l'ordre de l'évolution, on peut ainsi distinguer les locomotives industrielles, celles qui servent au transport des marchandises, au transport express des passagers, aux manœuvres de triage, celles qui assurent le trafic de banlieue, les omnibus, et enfin les locomotives mixtes.
Les trains de la catégorie industrielle sont nettement distincts de ceux des trains de ligne : leur domaine d'action se limite aux grands complexes industriels, tels que mines, docks, aciéries, carrières et centrales électriques. Il s'agissait généralement de petites machines sans tender, mais il existait de nombreuses et fascinantes exceptions à la règle, comme le révèlent les pages suivantes.

La locomotive utilisée dans le transport des marchandises fit son apparition en 1825, date à laquelle la *Locomotion* fut mise en service sur la ligne Stockton-Darlington. Les machines de ce type, à tender, allaient des 030 aux 040 des premières années, jusqu'aux énormes Mallet 157 (voire plus grosses encore) de la fin de l'ère de la vapeur. La plupart se caractérisaient par des roues d'un diamètre relativement réduit, conçues pour apporter une adhérence maximale lors des départs à pleine charge.

Les locomotives express, plus spécialisées encore, étaient dotées de grandes roues, nécessaires pour actionner les éléments mobiles à des vitesses modérées. Aux single-drives succédèrent (à la fin du XIXe siècle) les 120 et les 220 ; le type connut son apogée dans presque toutes les régions du monde avec la Pacific, à modèle de roues 231.

Les machines de manœuvre apparurent avec les gares de triage et les grandes voies de garage créées lorsque les réseaux ferrés se furent développés et le trafic intensifié. A l'instar de leurs cousines industrielles, ces locomotives sans tender étaient conçues pour une adhérence maximale et une grande maniabilité - même s'il est vrai que vers la fin de la période considérée de nombreuses machines de fret à bout de souffle achevèrent leur carrière dans les gares de triage.

Après la construction des grandes lignes, des locomotives suburbaines vinrent desservir les secteurs d'habitat situés près des zones où se concentraient les activités industrielles et commerciales. Ces services étaient le plus souvent assurés par des machines sans tender, qui pouvaient aisément rouler dans une direction ou l'autre, et dont les petites roues leur permettaient de repartir rapidement après leurs fréquents arrêts en gare. Les omnibus desservaient les lignes secondaires qui reliaient les grandes "artères", ainsi que les lignes d'intérêt local construites vers la même époque. Ces locomotives étaient souvent fort similaires à celles des lignes suburbaines - par la suite, toutefois, de nombreuses machines express déclassées connurent une ultime période d'activité sur ces lignes secondaires.

Le trafic mixte fut avant tout une manifestation du XXe siècle, propre à une époque où les trains de marchandises avaient vu leur vitesse augmenter, et où la rationalisation des parcs exigeait des machines capables d'assurer des tâches fort diverses. De telles locomotives surent répondre à ces exigences sur de nombreux réseaux ferroviaires du monde entier - à l'exception des voies consacrées au transport ultra-rapide des passagers ou à celui des marchandises les plus lourdes.

Des exemplaires appartenant à chacune de ces catégories sont encore en activité à travers le monde : la découverte révolutionnaire des possibilités de la vapeur, dans la Grande-Bretagne du XIXe siècle, a eu des conséquences si profondes que quelques années de modernisation ne sauraient suffire à en effacer toute trace. Bientôt l'on pourra dire que la locomotive à vapeur a joué pendant plus de deux siècles un rôle primordial dans l'histoire des transports, car de nombreuses années s'écouleront encore dans certains pays avant que les chaudières ne s'éteignent définitivement. Il fut un temps où les trains à vapeur régnaient sur le monde entier ; aujourd'hui, à l'âge du microprocesseur et de l'énergie nucléaire, les derniers survivants de cet âge d'or continuent de remplir vaillamment leur mission.

C'est à ces survivants, derniers véritables chevaux de trait de la Révolution industrielle, que ce livre est consacré. Malheureusement, leur nombre diminue de jour en jour, au détriment de la diversité et de l'originalité : car s'il est certain que la locomotive à vapeur continuera de vivre au XXIe siècle, il est non moins certain que cette survie sera celle des formes les plus standardisées. S'il advenait que la vapeur fasse un retour en fanfare au premier plan des modes de transport mondiaux, ce retour ne s'accompagnerait certes pas de la multiplicité de formes dont la séduction envahit les pages du présent ouvrage.

DÉPÔTS ET ROTONDES

Les rotondes furent littéralement les plaques tournantes de la Révolution industrielle britannique. Implantées sur des nœuds de communications stratégiques, dans les grandes agglomérations et zones industrielles, elles concentraient sur quelques hectares la puissance nécessaire à la satisfaction des besoins majeurs d'une région en termes de transport. Ces rotondes remplissaient deux fonctions principales : elles distribuaient les locomotives en fonction des nécessités de service de toute une région, et assuraient l'entretien et les réparations de base des machines.

Chaque rotonde était à même de traiter un certain nombre de locomotives - de moins d'une douzaine pour les plus petites jusqu'à plusieurs centaines pour les plus importantes. Les grandes villes et les embranchements importants disposaient de gares séparées pour les opérations concernant les passagers et le fret, cependant que les dépôts de moindre importance fournissaient des locomotives destinées à assurer toutes sortes de services. Les dépôts de Crewe constituaient l'un des fleurons des installations de répartition des locomotives : Crewe Nord traitait les locomotives des trains de passagers, Crewe Sud prenait en charge les mouvements des marchandises et les nombreuses manœuvres nécessairement effectuées dans toute gare de triage importante.

Les opérations de répartition étaient extrêmement complexes ; de nombreuses locomotives étaient opérationnelles pendant des périodes de plusieurs jours, de sorte que le ravitaillement et l'entretien courant devaient être assurés par des dépôts intermédiaires situés sur le parcours de ces différentes locomotives.

L'ambiance qui régnait dans les grandes rotondes était proprement enivrante. La concentration de locomotives y était tout à fait impressionnante, et la tension qui émanait de ces géantes gargouillantes était inoubliable. Dans ces lieux d'activité fervente et intense, les locomotives qui venaient se ravitailler en charbon, en eau, en huile et en sable croisaient celles qui repartaient au travail, sous le regard de celles qui profitaient d'une période de réparation pour recevoir des soins plus approfondis.

A l'âge d'or de la vapeur, le chemin de fer était un élément vital de l'économie : les rotondes fonctionnaient alors nuit et jour, tout au long de l'année. Un dépôt de taille moyenne, "port d'attache" de quatre-vingts locomotives, employait des centaines d'hommes qui travaillaient selon le système des "trois-huit" : chauffeurs, pompiers, ouvriers plus ou moins spécialisés, sans compter les jeunes nettoyeurs qui commençaient ainsi le long apprentissage qui allait les mener vers les prestigieuses responsabilités de mécanicien. Les emplois administratifs étaient tout aussi hiérarchisés.

Les dépôts se présentaient sous des formes très diverses : certains étaient de véritables rotondes circulaires sous lesquelles le centre des voies en éventail était occupé par un pont tournant, d'autres étaient des édifices allongés dans lesquels les machines étaient placées l'une derrière l'autre sur différents voies, d'autres encore étaient des bâtiments semi-circulaires. Quelle que soit la forme de la remise, une partie des hangars était toujours réservée aux réparations et à l'entretien.

Créations de l'ère de la vapeur, les dépôts et rotondes furent rendus nécessaires par le développement du chemin de fer, mais aussi par la quantité de travail qu'exigeait la locomotive à vapeur pour fonctionner. Le nombre des dépôts nécessaires était considérable - en 1950, il en existait plus de trois cent cinquante en Grande-Bretagne. Aujourd'hui, l'objectif premier consiste à réduire au minimum le nombre des dépôts, et à maintenir les locomotives presque constamment sur les lignes - hormis lors des rares visites d'entretien à leur "port d'attache".

Pour efficace qu'il soit, ce système a eu pour effet de priver le chemin de fer de l'un de ses aspects les plus fascinants, tant était grand l'émerveillement provoqué par une concentration en un même lieu de nombreuses locomotives provenant de diverses régions.

Page ci-contre : ces deux locomotives de la classe B51 à formule de roues 220 montent en pression devant leur dépôt de Rangkasbitung, à Java Nord. Ces vieilles machines à mazout des Chemins de Fer d'Etat indonésiens, qui figurent au nombre des dernières American à cylindres externes, ne renient pas leurs origines prussiennes. De part et d'autre de la cheminée de la B5138, des drapeaux flottent à l'occasion de la Fête de l'Indépendance.

B 51 38
B 5135

Ci-dessus : ces deux pur-sang britanniques, aujourd'hui au repos dans leur hangar d'Olavarria, circulaient jadis sur le réseau argentin de la Buenos Aires & Great Southern Railway. La locomotive de gauche est une 140 de la classe IIA ; à ses côtés, une splendide 240 de la classe 15B. Page ci-contre : les origines écossaises de cette machine à formule de roues 140 de la classe IIB apparaissent nettement, même si cet exemplaire (l'un des derniers de sa série) fut construit - en 1931 - par la Vulcan Foundry de Newton-le-Willows, dans le Lancashire.

26711
HGS
7225
WP

36809

Page ci-contre (en haut) : Dans les houillères de Sabero, dans le nord de l'Espagne, une Sharp Stewart 030 de 1878, *El Esla* (à gauche) côtoie une autre machine de formule 030 construite en Belgique par Couillet. Ce réseau à voie métrique constitue l'un des ultimes bastions de la traction à vapeur en Espagne. Page ci-contre (en bas) : bien que la construction des locomotives à vapeur ait cessé en 1972 en Inde, des révisions et réparations majeures sont aujourd'hui encore menées à bien. L'un des principaux chantiers est situé à Jamalpur, où une machine de la classe HGS de formule 140, issue de la période des locomotives BESA, est présentée en compagnie d'une Pacific de la classe WP. Ces deux machines, qui viennent de subir d'importantes réparations, s'apprêtent à accomplir un galop d'essai. Ci-dessous : ces deux machines de type BESA de Lucknow reçoivent les décorations si caractéristiques des locomotives indiennes. La machine de formule 030 à cylindres internes (à gauche) a été construite à Newcastle en 1923 par Armstrong Whitworth, cependant que la HPS de formule 230 (à droite) est sortie en 1950 des ateliers de la Vulcan Foundry. Jusqu'à la fin des années soixante-dix, les vastes hangars de Howrah, à Calcutta, accueillaient des machines de conception britannique appartenant aux séries BESA et X. Pages suivantes : une *Maid of all Work* à cylindres internes de formule 030 repose au côté d'une magnifique Pacific de la classe XC, apparue en 1928.

34175
SGc2

22228
XC

Alors que Taiwan était sous leur administration, les Japonais expédièrent dans l'île nombre de leurs locomotives. Les plus intéressantes de ces machines étaient peut-être les Pacific classe C57 des Chemins de Fer Nationaux Japonais ; celle-ci (ci-dessous) est présentée à la fin de sa vie active au dépôt de Chia Yi, sur la ligne principale de la côte ouest du réseau. Page ci-contre : une locomotive de la classe 77 des Chemins de Fer d'Etat autrichiens, à formule de roues 231, pointe le nez hors de la rotonde semi-circulaire de Linz. Pages suivantes : ces machines japonaises circulent sur le réseau de grandes lignes à écartement de 1 067 mm des Chemins de Fer d'Etat taiwanais ; de gauche à droite : une série 9600 de formule 140, une Mogul série 8620 et une Mikado de la classe D51. Ce trio monte en pression à la rotonde de Hsinchu, sur la ligne principale de la côte ouest de Taiwan.

15
14
DT 595

DT673

L'un des plus grands centres de la traction à vapeur chinois se trouve à Harbin (ci-dessus) dans le nord-est du pays. Jusqu'à la récente prolifération des machines Diesel, ce dépôt accueillait cent locomotives à vapeur, dont la plupart étaient des QJ employées au remorquage sur de longues distances des trains de marchandises - vers le sud en particulier, par le truchement de la ligne principale qui traverse la Mandchourie. Page ci-contre, en haut : les opérations d'entretien et de révision sont effectuées à une vitesse impressionnante, ce qui permet aux machines de retrouver les lignes principales dans les meilleurs délais. Page ci-contre, en bas : une Mikado (formule 141) de la classe JS, petite sœur de la QJ, côtoie une Mikado industrielle de la classe SY, plus petite encore. Les Pacific chinoises les plus modernes sont celles de la classe RM, introduites en 1957 ; la N° 1228 (pages suivantes), présentée devant la rotonde semi-circulaire de Changchun, s'apprête à rallier Jilin à la tête d'un convoi semi-express.

854

前進 2683
前進2471
前進2061

RM1228
人民 1228

L'un des derniers grands réseaux industriels de Grande-Bretagne était celui de Dalmellington, où des locomotives Andrew Barclay "saddle tank" (au réservoir installé à califourchon sur la chaudière) continuèrent d'assumer des tâches diverses jusqu'au milieu des années 1970. L'usine sidérurgique implantée à Dalmellington en 1845 était alimentée par les houillères voisines. Le réseau de Dalmellington rejoignait celui de la British Rail à Waterside (sur le site des anciennes fonderies) ; la houillère la plus éloignée était celle de Pennyvenie, où la *West Ayr Area* N°21 (ci-dessus), une Andrew Barclay 020 ST ("Saddle Tank") seize pouces, tire paisiblement ses wagons remplis de charbon frais extrait.

LES LOCOMOTIVES INDUSTRIELLES DE GRANDE-BRETAGNE

La locomotive industrielle, nettement différente de son homologue de grande ligne, fut employée dans les houillères, les fonderies, les docks, les centrales électriques et les grands complexes industriels. Le grand public n'avait que rarement l'occasion de voir ces machines, qui œuvraient dans l'environnement somme toute restreint des zones industrielles britanniques. La première locomotive à vapeur du monde fut un modèle industriel : construite en 1804 dans une fonderie du pays de Galles, elle était destinée à transporter des barres de fer vers un canal distant d'une quinzaine de kilomètres des forges. Quelques années plus tard, des locomotives firent leur apparition dans les bassins houillers du Yorkshire et du Northumberland.

A l'origine de la locomotive industrielle se trouvent les petites machines construites pour les entrepreneurs qui menèrent à bien l'énorme programme de construction mis en œuvre tout au long des années 1840, époque de la "folie du chemin de fer". Ces machines avaient pour fonction d'ajouter leur puissance à la force des terrassiers et des chevaux dans le creusement de tranchées, la construction de talus et de viaducs, le percement de tunnels ou l'édification de gares. Il leur fallait être compactes et économiques, capables de fonctionner sur des voies temporaires et de négocier des virages serrés tout en disposant d'une adhérence suffisante pour tirer de lourds chargements de terre et de matériaux de construction. En outre, ces machines devaient être faciles à transférer d'un chantier à l'autre. Les petites locomotives sans tender remplissaient toutes ces conditions.

Lorsque les grandes lignes eurent été posées, la Révolution industrielle connut une formidable accélération : d'énormes quantités de fer et de charbon étaient exigées par des secteurs industriels dont les besoins en matière de locomotives se rapprochaient fort de ceux des entrepreneurs. Ainsi, dès les années 1850, la locomotive à vapeur industrielle telle qu'elle est ici présentée était déjà bien au point.

La forme de base était celle d'une locomotive à réservoir d'eau latéral ou posé à califourchon sur la chaudière, à quatre ou six roues couplées (formules 020 et 030), à deux cylindres (généralement internes). Des versions à cylindres externes existaient également, en particulier sur les machines à quatre roues, dont la chaudière de petite taille ne permettait pas de loger un essieu moteur coudé. Ces machines n'évoluèrent guère : l'augmentation de leur taille et de leur puissance fut modérée (rares furent celles dont le poids dépassait cinquante tonnes).

Les locomotives industrielles sont généralement liées aux villes où étaient installés leurs constructeurs. En Ecosse, les gisements de houille et de minerai de fer d'Ayrshire donnèrent du travail aux constructeurs de Kilmarnock, dont le plus éminent fut Andrew Barclay, qui pendant près d'un siècle allait produire des locomotives de grande qualité.

A Newcastle-upon-Tyne, Robert Stephenson et Hawthorn Leslie créèrent de remarquables machines, mais le véritable berceau de la locomotive industrielle fut Leeds, où quatre constructeurs réputés étaient implantés dans la petite paroisse de Hunslet : Manning Wardle, Hudswell Clarke, Kitsons et Hunslet. Plus au sud, à Stafford, William Bagnall adaptait volontiers ses créations aux demandes de sa clientèle : c'est pourquoi la liste des réalisations de cette société comprend certaines des plus séduisantes variations sur un thème conventionnel. Pendant ce temps, dans le sud de l'Angleterre, une famille de machines naquit des cartons de Peckett et Avonside, à Bristol.

Malheureusement, la fermeture de sites industriels, la rationalisation de la production et l'emploi toujours plus intensif des camions et des grues dans tous les secteurs de l'industrie lourde ont entraîné le déclin de la locomotive industrielle - déclin encore accéléré par la mise en service des trains fonctionnant selon le principe du "manège" (en continu, le chargement et le déchargement étant effectués au défilé) pour alimenter en charbon les centrales thermiques. Aussi, si la locomotive à vapeur a survécu dans l'industrie plusieurs années après avoir disparu des services de transport des passagers et des marchandises, la locomotive à moteur Diesel a fini par la supplanter : aujourd'hui, après près de deux siècles de bons et loyaux services, la locomotive industrielle est une espèce éteinte en Grande-Bretagne. Ces machines ont précédé leurs cousines des voies principales d'une vingtaine d' années, et leur ont survécu d'autant.

Page ci-contre : la magnifique locomotive Robert Stephenson & Hawthorn "saddle tank" à formule de roues 020 de la centrale thermique de Leicester pousse doucement ses wagons remplis de combustible vers les trémies de la centrale. Cette machine, construite en 1950 d'après des plans de Hawthorn Leslie datant du début du XXe siècle, est dotée de cylindres de douze pouces de diamètre (1 pouce = 2,54 cm). La centrale de Castle Donington, également située dans le Leicestershire, est desservie par deux RSH 020ST elles aussi inspirées d'anciens plans Hawthorn Leslie. Il existe un indéniable air de famille entre la Hawthorn 020 "saddle tank" et la RRSH 020ST (ci-dessus), bien que cette dernière doit dotée de cylindres de seize pouces de diamètre. Ci-contre : cette puissante Bourbonnais (formule 030), vue ici à la fin de sa vie active dans la houillère de Glenboig à Glasgow, appartient à l'école de construction de locomotives de Leeds : elle a été construite en 1909 par les chantiers Hudswell Clarke.

Une tradition vieille de près de deux siècles, celle de la vapeur et du charbon, a pris fin en Grande-Bretagne au début des années 1980 à la houillère de Cadley Hill, dans le Derbyshire. Le parc traction de Cadley Hill comprenait notamment l'*Empress* (ci-dessus), une Bagnall seize pouces apparue en 1944 (mais inspirée d'un modèle antérieur). Deux autres machines de Cadley Hill sont encore visibles (ci-contre) : une Hunslet Austerity à gauche (*Cadley Hill N° 1*), et la *Progress*, une Robert Stephenson & Hawthorn "saddle tank" de formule 030, construite en 1946 à Newcastle. Comme les 020 des pages précédentes, elle trouve son origine dans d'anciens plans dus à Hawthorn Leslie ; elle présente la particularité d'être dotée de cylindres internes. Page ci-contre : la *Cadley Hill N° 1*, qui fut l'une des trois dernières Hunslet Austerity construites, ne quitta les chantiers de Leeds qu'en 1962. La Hunslet Austerity avait été spécialement conçue pour des opérations de la Deuxième Guerre mondiale ; après la guerre, nombre de ces machines furent acquises par le National Coal Board.

Ci-dessus : cette Andrew Barclay 030 “saddle tank” couverte d’une magnifique couche de suie, construite en 1900, a effectué toute sa carrière dans le bassin houiller de Polkemment, dans le comté de West Lothian, en Ecosse. Page ci-contre : la loco-grue à réservoirs latéraux (“Crane Tank”) était une forme de locomotive industrielle permettant d’effectuer des opérations de triage, de chargement de wagons et de déplacement de marchandises lourdes entre les divers ateliers de fabrication. Cette 040 CT fut l’une des dernières locos-grues à vapeur employées en Grande-Bretagne ; elle survécut (avec quelques autres) jusqu’en 1971, sur le chantier de construction navale Doxford à Pallion (Sunderland).

De nombreuses machines de lignes principales réformées entamaient ensuite une seconde carrière en tant que locomotives industrielles ; ce fut notamment le cas de cette ancienne Bourbonnais classe 5700 de la Great Western, à réservoir “en corbeille”, qui fut vendue par British Railways au National Coal Board, et que l’on voit ici achever sa vie active à la houillère de Mountain Ash (Galles du Sud). Page ci-contre : une Hunslet Austerity à cheminée Giesl.

Nº 5

LES LOCOMOTIVES INDUSTRIELLES DU MONDE

Les locomotives industrielles du reste du monde différaient considérablement de celles de Grande-Bretagne : tirant des wagons plus pesants, elles étaient habituellement plus puissantes, et utilisées sur des sites industriels plus vastes. La superficie réduite de la Grande-Bretagne, conjuguée à la diversité de ses industries (développées au coup par coup par des entrepreneurs privés, au cours de la première Révolution industrielle) permettent d'expliquer ce phénomène. Les petites unités industrielles desservant des régions densément peuplées y étaient viables, mais dans les pays moins développés, les installations tendaient à être de plus grande taille, plus disséminées et plus éloignées des principales lignes de chemin de fer. Ceci, s'ajoutant à des voies de piètre qualité et à la pente souvent forte, nécessitait l'emploi de locomotives fort différentes de celles qui opéraient en Grande-Bretagne.

De nombreuses locomotives industrielles du monde entier étaient évidemment similaires à leurs homologues britanniques en termes de puissance, et la Grande-Bretagne ne se priva pas d'exporter de telles machines vers de nombreux pays. Elles y côtoyèrent les locomotives allemandes produites par des constructeurs aussi éminents qu'Orenstein et Koppel, ainsi que les réalisations américaines dues à de grandes firmes telles que Baldwin comme à de petites fonderies spécialisées (Lima, dans l'Ohio, par exemple). Si les locomotives industrielles étaient utilisées à travers le monde dans des établissements rappelant ceux de Grande-Bretagne, il est deux sites majeurs - les plantations de canne à sucre et les chantiers d'abattage d'arbres - qui aujourd'hui encore utilisent des locomotives à vapeur pour transporter leurs matières premières des chantiers d'abattage vers les usines de traitement. Ces machines sont adaptées au faible écartement des voies (de 762 mm à 1 067 mm).

Certaines des plus grosses locomotives industrielles se rencontrent en Afrique du Sud, où l'écartement des voies principales n'est que de 1 067 mm, mais où les restrictions de charge communes à la plupart des pays industrialisés ne s'appliquent pas. Ceci permet de construire des locomotives et des wagons plus hauts et plus larges, afin d'assurer le transport d'énormes quantités de charbon sur des voies à la déclivité souvent assez importante. Nombre des locomotives ainsi employées sont d'anciennes machines de grande ligne : en tant que telles, elles représentent une nouvelle catégorie de locomotives industrielles : celles qui ont été en service sur les réseaux privés ou nationalisés, avant de prendre une retraite active dans l'industrie. Ce croisement entre divers types de locomotives a bénéficié de l'augmentation régulière des tonnages transportés. Une machine construite à la fin du XIXe siècle pour transporter les plus lourdes charges de son époque était inadaptée cinquante ans plus tard : ces locomotives furent donc utilisées à des tâches moins lourdes (signalisation, manœuvres), ou vendues à des sociétés industrielles, plutôt que d'être systématiquement mises à la ferraille.

Grâce à cette méthode, de nombreux types historiques qui sans cela auraient depuis longtemps disparu ont survécu au sein d'établissements industriels, pendant très longtemps parfois. Les efforts exigés d'une locomotive industrielle étant souvent relativement modestes, et pour peu qu'elle soit correctement entretenue une telle machine semble pouvoir poursuivre éternellement sa tâche. Les grosses machines de grande ligne n'ont que rarement trouvé le chemin de l'industrie britannique ou française, mais elles ont marqué d'autres pays de leur empreinte : en Afrique, en Amérique latine, dans le sous-continent indien et en Chine, de nombreuses grosses locomotives, dont certaines sont extrêmement puissantes, ont découvert une nouvelle vie. Elles forment un magnifique contraste avec les modèles traditionnels, de plus petite taille.

Le chemin de fer de Gunung Kataren, à Sumatra, est l'une des plus remarquables lignes industrielles du monde. Il a pour fonction d'acheminer du lit du fleuve vers les concasseurs des pierres qui fourniront le ballast des lignes principales de l'île. La locomotive N° 106 (ci-dessus), une 030 construite en 1926 par Ducroo & Brauns de Weesp (Hollande), s'apprête à pousser son chargement vers les concasseurs.

Ci-dessus : la *Bromo*, une locomotive allemande Orenstein & Kopell de formule 040 construite en 1913, au travail dans la sucrerie de Purwodadi, dans l'est de Java. Le tender est rempli de bagasse. Page ci-contre, en haut : cette petite 020 (voie de 600 mm) est employée dans une carrière du centre de l'Uruguay. Le fût en équilibre précaire au-dessus de la chaudière indique qu'il s'agit d'une machine à mazout. Page ci-contre, en bas : la dernière 0330T du monde, à Taltal, dans le désert d'Atacama (Chili). Notez la cheminée qui évacue la vapeur des cylindres arrière. Pages suivantes : la *Don Carlos*, une machine à formule de roues 141 construite en 1916 par Manning Wardle de Leeds, ici au repos sur une ligne industrielle de 762 mm d'écartement, dans le Chaco paraguayen.

5
DON CARLOS

Ci-dessus : la machine N° 3 de la houillère Albion était l'une des plus anciennes et des plus fascinantes locomotives industrielles d'Afrique du Sud, loco-tender "hybride" de formule 240 reconstruite à partir d'une 251 de classe 13 fournie en 1902 par Neilson de Glasgow. Page ci-contre, en haut : une N° 3 fort différente, sur la ligne de la mine d'or de East Daggafontein. Cette ancienne locomotive de grande ligne appartenait à la classe A des Chemins de Fer d'Etat du Natal, qui comprenait une centaine de machines construites entre 1888 et 1900 par les chantiers Dubs de Queens Park, à Glasgow. Page ci-contre, en bas : une autre ancienne classe A des Chemins de Fer d'Etat du Natal, en action à la mine d'or Grootvlei de Springs, dans le Transvaal. Pages suivantes : cette élégante 241 est un merveilleux exemple de machine de ligne principale transformée pour l'industrie. A son apparition en 1919, ce modèle était destiné au transport du fret lourd ; la construction se poursuivit jusque dans les années 1950 sous forme non surchauffée, adaptée aux houillères.

No 3
EAST DAGGAFONTEIN MINES LTD.

G.V.P.M. LTD.

WITBANK COLLIERY LTD.
№4
№4

Les importants gisements de minerai de fer de la province du Bihar, en Inde, alimentent les complexes sidérurgiques implantés près des houillères du Bengale. A Manoharpur, deux Andrew Barclay 031 (ci-dessous) circulent sur un embranchement privé reliant la mine à la ligne principale de la South Eastern Railway. Page ci-contre, en haut : les ateliers de la Indian Iron and Steel Corporation, à Burnpur, au Bengale, où la N° 9, une 230 construite par Nasmyth Wilson de Patricroft (Manchester), attend le remplissage du chaudron. Page ci-contre, en bas : la N° 17, une 030 construite par Robert Stephenson & Hawthorn en 1948, est également en service à Burnpur. Pages suivantes : une locomotive-tender Bagnall de formule 040, dans les aciéries de Karabuk, dans le nord de la Turquie.

No 9

No 17

Page ci-contre, en haut : une 030 de fabrication britannique à l'œuvre aux aciéries de Karabuk. Cette machine construite en 1948 par la firme Robert Stephenson & Hawthorn était inspirée d'un modèle antérieur conçu par Hawthorn Leslie et livré à l'occasion de l'inauguration des aciéries, en 1937. Page ci-contre, en bas : manœuvres nocturnes pour cette énorme Bagnall à formule de roues 040. Ci-dessus : une 030 "saddle tank" Robert Stephenson & Hawthorn de 1948. Pages suivantes : la silhouette caractéristique d'une Hawthorn Leslie, presque identique à celle des machines employées dans les établissements industriels britanniques.

Ci-dessus : l'une des 220 de la classe B53 appartenant aux Chemins de Fer d'Etat indonésiens. Cette version à vapeur surchauffée de la classe B51 fut construite pour les voies d'écartement 1 067 mm de la Staats Spoorwegen. Cette classe de machines comprenait onze exemplaires, livrés par le constructeur allemand Hartmann en 1912, et par la firme hollandaise Werkspoor en 1914. Anciennes locomotives express des Indes Orientales néerlandaises, les dernières B53 achevèrent leur carrière au côté des 120 Sharp Stewart de la classe B50, sur l'embranchement Madiun-Ponorogo-Slahung.

RAVITAILLEMENT ET ENTRETIEN

De nombreuses accusations ont été portées contre les locomotives à vapeur au cours de la seconde moitié du XXe siècle, mais le pire inconvénient de ce mode de traction est certainement l'importance de l'entretien que nécessitent ces machines. Contrairement aux moteurs à combustion interne, les machines à vapeur ne démarrent pas au simple contact d'un bouton, mais seulement après l'allumage du foyer : encore faut-il des heures avant que la vapeur puisse libérer son énergie. Il faut en outre veiller à l'alimentation du foyer en charbon, au ravitaillement en eau et au graissage des éléments mobiles. La locomotive à vapeur ne cesse pas simplement de fonctionner lorsque son tour de service est achevé : il faut décider si l'on doit éteindre le foyer ou laisser la machine sous pression légère, jusqu'au moment où l'on aura de nouveau besoin d'elle. Dans ce dernier cas, il faut inspecter régulièrement la locomotive afin que le foyer demeure actif et que l'eau ne manque pas dans la chaudière ; la production de vapeur est si dévoreuse de temps que cet emploi continuel d'énergie et de main-d'œuvre est préférable à l'extinction du foyer, pour peu que la locomotive doive servir au cours des quelque douze heures suivantes.

La situation était rendue plus complexe encore à la fin de chaque mission, car alors la locomotive devait être ravitaillée en charbon (jusqu'à dix tonnes parfois). Elle devait aussi être alimentée en eau, il fallait faire tomber la braise, le cendrier du foyer devait être nettoyé, et les dépôts de suie enlevés à la pelle de la chambre à fumée. En outre, dans la majorité des cas, il fallait faire exécuter un demi-tour à la locomotive. Toutes ces opérations s'effectuaient dans un dépôt. L'accès à des réservoirs d'eau ne posait habituellement pas de problème : dans les pays industrialisés, ce qui n'était pas le cas dans les pays sous-développés, le transport d'importantes quantités de charbon depuis les régions de production vers tous les dépôts d'un pays était en soi une opération de grande envergure, fort coûteuse. Certaines de ces difficultés furent minimisées par la mise en place entre les rails de réservoirs où les locomotives "écopaient" en passant l'eau dont elles avaient besoin, cependant que des systèmes mécaniques de ravitaillement en charbon, des grilles oscillantes et des chambres à fumée auto-nettoyantes vinrent progressivement équiper toutes les machines à vapeur (alors même que les chaudières à mazout devenaient monnaie courante). Toutefois, de par sa conception même la traction à vapeur exigeait pour son bon fonctionnement une main-d'œuvre nombreuse, car lorsqu'une locomotive avait quitté son dépôt, elle exigeait les attentions constantes d'un chauffeur et d'un mécanicien.

La pollution atmosphérique - question sensible dans les pays industrialisés dès le lendemain de la Deuxième Guerre mondiale - fut un facteur supplémentaire du déclin de la traction à vapeur. La locomotive à vapeur fut considérée comme partie intégrante de l'héritage noirci (et partant inacceptable) des débuts de la Révolution industrielle. Après la guerre, la concurrence des transports routiers se fit plus sérieuse, qui forçait les compagnies ferroviaires à se moderniser et à donner d'elles-même une image de compétitivité. Une telle image ne pouvait guère être obtenue aussi longtemps que les trains seraient tirés par des monstres bruyants et couverts de suie, qui vomissaient leurs fumées dans l'atmosphère. Dans les pays occidentaux, le travail salissant associé au fonctionnement des trains à vapeur cessa d'être considéré positivement. On estimait qu'il n'était pas raisonnable d'obliger un homme à se tenir debout pendant des heures, à enfourner à la pelle des tonnes de charbon, dans la lourde chaleur de locomotives tressautantes, ou de subir les poussières et les émanations nocives. Les dépôts de locomotives à vapeur, caractérisés par leur voile de fumée montant vers le ciel, déparaient désormais le paysage de nations soudainement conscientes des méfaits de la pollution. De plus, les années d'après-guerre furent une période de pétrole à bas prix, mais d'augmentation constante du prix du charbon ; dans de nombreux pays, il devint de plus en plus difficile de garantir un approvisionnement en charbon de bonne qualité.

Pourtant, la traction à vapeur présente de nombreux avantages : économie de construction, simplicité d'entretien et extraordinaire fiabilité. Ce type de machine continuera de fonctionner dans des conditions d'adversité qu'aucune autre forme de traction ne tolérerait ; quels que soient ses avaries, une locomotive à vapeur entraînera presque toujours son train à bon port (ou à bonne gare). On ne peut en dire autant de la traction Diesel ou électrique : la moindre panne technique peut en effet paralyser une locomotive, voire un réseau dans son entier. Ces éléments sont de première importance dans les pays en voie de développement, où l'entretien des machines représentant des formes modernes de traction pose fréquemment des problèmes ; pourtant, le facteur le plus important en faveur de la traction à vapeur est sans doute l'état d'esprit que la locomotive à vapeur fait naître en l'homme. C'est une machine animée, vivante, où s'exercent les puissances des éléments fondamentaux que sont l'eau et le feu. Chaque locomotive possède sa personnalité propre, qui provoque les réactions de l'homme, qui lui jette un défi, et qui presque toujours lui permet de donner le meilleur de lui-même : ainsi, lorsqu'un train est en retard, le mécanicien et le chauffeur poussent la locomotive dans ses derniers retranchements, l'exhortent à la performance, afin de refaire ce retard et de rattraper l'horaire normal.

Ce type de rapport entre l'homme et la machine induit un esprit de corps comme il devrait en exister au cœur de toute grande industrie. Cela - et la faculté qu'a la locomotive à vapeur d'inspirer les cheminots comme les voyageurs et les profanes - n'est que trop souvent oublié par les économistes et les comptables.

51 036

Page ci-contre : lors de son parcours sur la ligne Sisak-Karlovac, une 131 classe B51 des Chemins de Fer d'Etat yougoslaves se ravitaille en eau à Vrginmost. Ci-dessus : une ancienne Garratt 131 + 131 des Rhodesian Railways se ravitaille en eau à Balla Balla, sur la ligne West Nicholson-Bulawayo. Tandis que la géante se désaltère, la bonde de vidange de la chaudière est ouverte. En 1953 et 1954, dix-huit de ces monstres de plus de cent trente tonnes furent exportés par les chantiers Beyer Peacock de Gorton (Manchester). Pages suivantes : la N° 6024, une Garratt de la classe 60 (à formule de roues 241 + 142) qui appartenait aux East African Railways, fait une pause-ravitaillement en eau au cours d'une mission qui la mène de Moshi, en Tanzanie à Voi, au Kenya, à la tête d'un convoi mixte. Les machines de la classe 60, familièrement appelées "Governors", étaient baptisées du nom des anciens gouverneurs britanniques du Kenya, de l'Ouganda et du Tanganyika. Cet exemplaire portait jadis le nom de *Sir James Hayes-Sadler*.

Ci-dessus : une locomotive-tender de la classe 51 (à formule de roues 131) des Chemins de Fer d'Etat yougoslaves se ravitaille en eau à Vrginmost ; cette machine tire un train de passagers de Karlovac à Sisak. La Yougoslavie possédait de nombreuses machines de conception autrichienne, dont les plus répandues appartenaient à la classe 25, de formule 140 (page ci-contre). Quelque cinq cents de ces locomotives furent construites, et de nombreuses machines de ce type effectuèrent leur carrière dans les pays d'Europe de l'Est.

25 013

On ne s'attend guère à trouver des vieilles locomotives datant de l'Empire austro-hongrois dans la ville moderne et dynamique de Karlovac, en Croatie, et pourtant plusieurs Prairie (formule 131) de la classe 51 continuent de desservir l'embranchement Karlovac-Sisak pour le compte des Chemins de Fer d'Etat yougoslaves. Le canton Karlovac-Vrginmost fut inauguré en 1907 : il est possible que ces locomotives, avec leur charge maximale à l'essieu de onze tonnes, aient fréquenté cette ligne depuis lors. Page ci-contre : l'entretien de la N° 51.028 (construite en 1926 pour les Chemins de Fer d'Etat croates) à l'entretien à Karlovac. Ici, un ouvrier se sert d'une pelle pour débarrasser la chambre à fumée des dépôts de suie accumulés.

51
028

Ci-dessus : un cheminot ajoute une pelletée de charbon dans le foyer de la locomotive N° 131 des Chemins de Fer d'Etat yougoslaves, cependant que (page ci-contre) l'un de ses collègues retire des cendres chaudes de la boîte à fumée. Cette machine appartient à une série de locomotives de la classe 20 encore en opération sur la ligne qui va de Sid, en Serbie, à Bijeljina, en Bosnie.

20
131

La dernière ligne principale du monde entièrement desservie par des locomotives à vapeur s'étire sur trois cent soixante-treize kilomètres, de la capitale paraguayenne d'Ascunción à la ville d'Encarnación, à la frontière argentine. Cette ligne, connue sous le nom de *Ferrocarril Presidente Carlos Antonio Lopez*, est desservie par divers types de locomotives, dont six machines de formule 131 sans surchauffeur, construites à Newcastle par Hawthorn Leslie entre 1910 et 1913. Ci-dessus : à Encarnación, la N° 5 s'apprête à pousser des wagons vers le pont d'un vapeur à aubes ; après avoir traversé le Parana, le convoi rejoindra le réseau argentin Urquiza, d'écartement standard.

LES GRANDES LIGNES FERROVIAIRES

Rares sont les moins de quarante ans qui peuvent apprécier l'éclat de l'âge d'or de la vapeur. La locomotive à vapeur est généralement considérée comme appartenant à un lointain passé, au XIXe siècle plutôt qu'au monde moderne. Selon l'opinion courante, le train à vapeur était lent et sale (même s'il ne manquait pas de séduction), et il ne pouvait que disparaître dans l'intérêt d'un progrès véritable. Rien ne saurait être plus éloigné de la réalité. Il y a seulement quarante ans, avant l'ère de l'autoroute et du semi-remorque, le chemin de fer représentait la principale forme de transport, et une importante proportion des grandes lignes ferroviaires du monde étaient parcourues par des trains à vapeur. Dans la Grande-Bretagne de l'après-guerre, avant que l'économie "routière" ne devînt toute-puissante, quelque vingt mille locomotives à vapeur constituaient une forme de transport sûre, disciplinée et bien coordonnée, qui acheminait les marchandises de toute une nation avec rapidité et efficacité, et permettait aux voyageurs de se rendre dans les moindres recoins du pays.

Cet éclat a disparu avec le déclin de l'âge de la vapeur à travers le monde. Les survivantes sont aujourd'hui de paisibles travailleuses qui, à de rares exceptions près, n'accomplissent que d'humbles tâches, en attendant le plus souvent l'introduction de formes de traction plus modernes. Il ne faut cependant pas oublier que dès 1840 des locomotives à vapeur atteignaient des vitesses de cent kilomètres à l'heure sur des rails de la compagnie de Brunel, d'un écartement de 2 130 mm. Avant la fin du XIXe siècle, les courses de trains de Londres à l'Ecosse se traduisirent par des performances à peine croyables : des trains relaient Londres à Aberdeen en huit heures et demie. Cette période de gloire de l'histoire ferroviaire fut également marquée par l'exploit de la Jumbo 120 n792 *Hardwick* de la London & North Western Railway, qui parcourut les deux cent trente-deux kilomètres séparant Crewe de Carlisle à la vitesse moyenne de cent huit kilomètres à l'heure.

Les cent soixante kilomètres à l'heure et plus furent atteints dès le début du XXe siècle par la *City of Truro* (à formule de roues 220) de la Great Western Railway, notamment). Mais ce sont sans doute les années 1930 qui doivent être considérées comme la décennie la plus glorieuse dans le domaine des performances : la *Cheltenham Flyer* couvrit les cent vingt-quatre kilomètres séparant Londres Paddington de Swindon en cinquante-six minutes, ce qui lui valut le titre de "train le plus rapide du monde". Plus impressionnants encore furent les exploits des locomotives profilées des années trente : aux Etats-Unis, les Atlantic de la compagnie Chicago Milwaukee St Paul & Pacific Railroad tiraient le *Hiawatha Express* de Chicago à Milwaukee (soit six cent quatre-vingt-quatorze kilomètres) en quatre cents minutes, arrêts intermédiaires compris. Pour y parvenir, il fallait conserver sur de longues distances des vitesses dépassant les cent soixante kilomètres à l'heure. C'est au cours de l'ère des profilées que le record mondial de vitesse pour un train à vapeur fut atteint, par la Pacific *Mallard* de Nigel Gresley (appartenant à la London & North Eastern Railway), qui atteignit près de deux cent trois kilomètres à l'heure dans la descente de Stoke Bank, entre Grantham et Peterborough.

L'image populaire de la locomotive à vapeur traînant lentement des wagons chargés de marchandises lourdes est elle aussi fort éloignée de la réalité de toute une époque. Les trains de minerais étaient effectivement lents, mais dès le début du XXe siècle des trains assuraient le transport de marchandises très diverses à des allures leur permettant de faire mieux que soutenir la comparaison avec les camions d'aujourd'hui. Il est difficile à présent de se rappeler un monde dans lequel presque toutes les marchandises étaient transportées par rail et transitaient par des centres de triage d'une extraordinaire efficacité. Ainsi, les poissons pêchés dans l'après-midi étaient dès le lendemain matin sur les étals des poissonniers. A cette époque, le train de marchandises dont les horaires étaient semblables à ceux des trains de passagers, transportait des centaines de tonnes de fret à une allure inimaginable dans la société d'aujourd'hui, qui ne jure que par les transports routiers.

Ces pages retracent le baroud d'honneur de la locomotive à vapeur. En Grande-Bretagne, la ligne de Londres (Waterloo) à Southampton, Bournemouth et Weymouth demeura le domaine exclusif des trains à vapeur jusqu'en 1967. Les vedettes de cette ultime épopée étaient des Pacific reconstruites par Bulleid ; au cours de la dernière année, ces machines atteignirent régulièrement des vitesses de cent soixante kilomètres à l'heure et plus, grâce aux efforts d'hommes qui avaient pleinement conscience de vivre la fin d'une tradition. En Europe continentale, l'ère de la vapeur dura plus longtemps, pour s'achever dans un glorieux feu d'artifice en R.D.A., en 1977, quand les magnifiques Pacific de la Série 01 de 1925 cessèrent d'assurer la liaison entre Berlin et Dresde. Jusqu'à cette date, le trajet de cent soixante-cinq kilomètres était régulièrement couvert par des machines tirant jusqu'à quatre cents tonnes à des vitesses moyennes dépassant cent kilomètres à l'heure - avec des pointes de cent quarante-cinq kilomètres à l'heure.

Aujourd'hui, il ne reste presque plus rien des éclatantes performances des trains à vapeur. On note toutefois des exceptions en Inde, où les robustes WP Pacific attelées à leur trains express dépassent parfois les cent dix kilomètres à l'heure, et à un degré moindre en Chine, où les superbes Pacific des classes RM et SL peuvent tirer des trains toujours plus lourds à près de cent kilomètres à l'heure.

038 509-6

La locomotive prussienne P8 de formule 230 fut l'un des modèles les plus glorieux de l'histoire de la traction à vapeur ; cette machine joua un rôle important dans le cadre du programme de standardisation entrepris par les Chemins de Fer d'Etat prussiens. Le premier exemplaire fit son apparition en 1906 ; dans les années 1930, près de quatre mille de ces machines étaient opérationnelles. Première Ten-Wheeler à surchauffeur, la P8 ouvrit la voie pour d'autres 230 européennes. Cette machine survécut jusque dans les années 1970. Page ci-contre : une P8 prussienne à Horb, dans la Forêt Noire. Ci-dessus : la 150 allemande de classe 44, à trois cylindres, connut presque autant de succès que la P8 ; elle fut construite à quelque deux mille exemplaires, qui circulèrent dans de nombreux pays pendant et après la Deuxième Guerre mondiale. Excellemment conçues, les 44 étaient capables de tirer des convois de deux mille tonnes à plus de cinquante-cinq kilomètres à l'heure, sur voie plane. Ces Decapod achevèrent leur carrière sur la ligne Coblence-Trèves. Pages suivantes : une locomotive de la classe 44 traverse la Moselle.

Imhoff

434

DART VALLEY

En Grande-Bretagne, les derniers express remorqués par des locomotives à vapeur survécurent jusqu'en 1967 sur la ligne Londres-Waterloo-Southampton-Bournemouth-Weymouth. Page ci-contre, en haut : une Pacific de la classe Merchant Navy, la *Aberdeen Commonwealth* (N° 35007), à Worthing Junction. Page ci-contre, en bas : une 030 de la classe 1600 (ancienne machine de la Great Western), à Tyseley. Ci-dessus : cette locomotive de type Prairie (formule 131) de la classe 4500 (N° 4555), qui circulait jadis sur le réseau de la Great Western, est aujourd'hui au repos sur la ligne restaurée de la Dart Valley Railway, dans le Devon. Pages suivantes : cette ancienne Pacific de la LNER, la N° 4498 (classe A4), baptisée *Sir Nigel Gresley*, revient à Bournemouth, d'où elle va remorquer un train spécial vers Londres-Waterloo.

Nº 4498

4498
L N E R

51 036

Page ci-contre : comme chaque jour, le train mixte Sisak-Karlovac s'éloigne de Vrginmost, attelé à une Prairie classe 51 des Chemins de Fer d'Etat yougoslaves, construite en 1915 pour les Chemins de Fer d'Etat hongrois. Les machines yougoslaves de la classe 20, à modèle de roues Mogul (130) ont été dessinées par la firme Borsig de Berlin, qui se signalait par un style nettement inspiré de celui des constructeurs britanniques. Les locomotives de la classe 20 furent à l'origine créées dans le cadre de la politique impérialiste de l'Allemagne, qui visait - avec l'aide de son alliée la Turquie - à dominer tous les territoires s'étendant de Berlin à Bagdad. Ces machines étaient donc conçues de manière à pouvoir fonctionner en toutes conditions, sur les parcours difficiles qui traversaient la Turquie et menaient à Bagdad. Ci-dessus : une Mogul yougoslave de la classe 20. Ci-contre : une 050 classe 28 des Chemins de Fer d'Etat yougoslaves (l'un des modèles hérités de l'Empire austro-hongrois).

Les lignes qui rayonnent d'Izmir, sur la côte égéenne de la Turquie, sont depuis fort longtemps célèbres pour la fascinante diversité des types de locomotives que l'on y rencontre. Ci-dessus : une ancienne machine des Chemins de Fer ottomans, à formule de roues 141, construite à Newcastle par les chantiers Robert Stephenson, tire un train mixte sur la ligne de Denizli. Page ci-contre : un train de banlieue gravit l'une des rampes du secteur d'Izmir derrière une Humboldt de formule 140 construite en 1912 à Paris. Le parc de locomotives à vapeur de la Turquie compte encore quelques *Kriegslokomotiven* allemandes datant de la Deuxième Guerre mondiale. La faible charge axiale de ces machines leur permet de circuler sur des lignes très diverses, et d'être employées aussi bien au transport des passagers qu'à celui des marchandises - elle peuvent également tirer des convois mixtes. Pages suivantes : cette "locomotive de guerre", que l'on voit ici quitter Egridir, a été construite en 1943 par la Maschinenbau und Bahnbedarf de Berlin.

45132

Pt47-155

Ci-dessus, page ci-contre et pages suivantes : ces photographies des fabuleuses Mikado (formule 141) Pt47 polonaises ont été prises à l'été 1983 près de Kamieniec. Ces machines furent parmi les dernières locomotives à vapeur d'Europe à assurer le transport express des passagers ; elles possèdent les grandes roues motrices et les qualités aérodynamiques des Pacific, mais en tant que Mikado elles s'élancent plus rapidement après un arrêt et gravissent plus aisément les rampes. Cette classe basée sur un modèle des années 1920 comptait cent quatre-vingts exemplaires, construits à la fin des années 1940 et au début des années 1950 par les constructeurs polonais Cegielski et Chrzanow. L'importance historique de la Pt47 repose sur le fait qu'elle est le plus bel exemple de locomotive créée par l'industrie ferroviaire polonaise, qui connut son apogée après la Grande Guerre, lorsque la Pologne accéda au rang de nation unie et indépendante.

Pt47-20

Dans un monde où la locomotive à vapeur est confinée dans un rôle subalterne, le spectacle des lignes principales de Chine, où une armée de quatre mille cinq cents machines de la classe QJ accomplissent les tâches les plus rudes, est tout à fait saisissant. Ci-dessus : au sud de Harbin, une 151 classe QJ tire un train chargé de bois provenant des forêts du nord-est. Page ci-contre : (en haut) cette QJ qui vient de quitter Anshan se dirige vers Dalian ; (en bas) sur la même ligne, une autre QJ se dirige vers le port de Dalian, à la tête d'un convoi de mazout. Notez la différence entre les deux panaches, liée à la température de l'air. Pages suivantes : une QJ (circulant à droite) venue de Dalian dévale la pente menant à Anshan à la tête d'un pesant train de marchandises.

1364

222
280

232

LA VAPEUR EN EUROPE

La vallée du Douro, à Ferradosa, constitue un cadre idéal pour cette locomotive à cylindre interne (de formule 230), qui remorque un train de marchandises vers Barca d'Alva, à la frontière du Portugal et de l'Espagne, sur une voie de 1 676 mm d'écartement. Cette Ten-Wheeler, qui est certainement l'une des plus belles locomotives européennes, appartenait à une classe de six machines livrées en 1910 par le constructeur allemand Henschel aux Chemins de Fer d'Etat portugais.

Le statut de la traction à vapeur dans le monde est directement lié à la richesse des différentes nations. Comme on pouvait s'y attendre, les premiers pays à supprimer l'emploi de la vapeur furent les Etats-Unis et le Canada, suivis de près par la Scandinavie et l'Europe occidentale, où la traction à vapeur est en voie d'extinction totale. Les économies occidentales sont étroitement liées entre elles en termes de développement social, technique et économique ; de la même manière, dans les économies liées du Japon, de l'Australie et de la Nouvelle-Zélande l'ère de la vapeur appartient désormais à l'histoire. La situation est fort différente dans le monde en voie de développement, où les sociétés sont plus disparates, moins intégrées techniquement, et confrontées à de gigantesques problèmes sociaux qui en font les royaumes de la débrouille et du rafistolage.

En France, la vapeur a quasiment disparu, et pourtant, il y a moins de vingt ans des Pacific à quatre cylindres tiraient des trains internationaux vers Calais, et l'on trouvait dans de nombreuses régions du pays des Mikado de la série 141R fournies par des constructeurs américains dans le cadre de l'aide apportée à la France au lendemain de la Deuxième Guerre mondiale. Quelques machines de la série 140C datant de la Grande Guerre étaient encore opérationnelles dans l'est du pays.

En Allemagne de l'Ouest, la vapeur survécut sur les grandes lignes jusque dans les années soixante-dix. Des locomotives à formules de roues 150 et 140, ainsi que des Pacific (toutes machines allemandes courantes des années vingt) circulaient encore dans diverses régions du pays, et plus particulièrement sur la ligne très fréquentée reliant le Rhin à Emden. Une autre ligne célèbre empruntait le trajet touristique de Coblence à Trèves, et la vallée de la Moselle s'emplissait du grondement des trois cylindres de formule 150 des années vingt, qui tiraient des trains pesant plus de mille cinq cents tonnes.

Au début des années soixante, l'Espagne possédait l'un des parcs de locomotives à vapeur les plus variés et les plus anciens du monde ; si l'écartement des lignes principales était standardisé à 1 676 mm, cinq autres écartements au moins étaient employés sur les lignes secondaires du pays. La formidable expansion du tourisme international qui se déclencha à la fin des années cinquante transforma l'économie espagnole ; une part importante des fonds qui affluèrent ainsi dans le pays fut injectée dans la modernisation des chemins de fer, de sorte que de nombreuses "antiquités" disparurent en quelques années. A l'aube des années soixante-dix, toutefois, on trouvait encore en Espagne des machines à formules de roues 240, 241 et 141, ainsi que quelques locomotives de types plus anciens.

Les vastes bassins houillers du nord-ouest demeuraient le paradis d'innombrables locomotives qui semblaient refuser de prendre leur retraite ; une poignée de ces machines a survécu jusqu'à aujourd'hui, d'autres achèvent de rouiller sur des voies de garage.

Les grandes lignes du Portugal voisin furent elles aussi construites selon un écartement de 1 676 mm. Les dernières Ten-Wheeler (formule de roues 230) à cylindres internes trouvèrent refuge sur la ligne touristique de la vallée du Douro, qui reliait Porto sur la côte atlantique à Barca d'Alva à la frontière espagnole. Le Portugal possédait également un important réseau de lignes secondaires à voie métrique, dont certaines rejoignaient la vallée du Douro et accueillaient des Mallet 1230 étincelant de tous leurs cuivres.

Les lignes à voie métrique de la banlieue de Porto étaient encore plus passionnantes, avec leur parc varié de vieilles machines aux dômes de cuivre en service sur un réseau très fréquenté. Avec leurs tunnels remplis de fumée, leurs antiques wagons et leurs locomotives grinçantes et haletantes, ces services représentaient l'ultime exemple du chemin de fer suburbain de type "victorien".

L'Italie possédait également un beau parc de locomotives anciennes, dont la conception s'inspirait de créations remontant à 1905, date de la nationalisation des chemins de fer italiens. Ces machines ont en théorie toutes été abandonnées avant le début des années 1980, mais comme l'on peut encore en voir quelques-unes en circulation, la situation véritable est quelque peu énigmatique.

La Scandinavie, la Norvège et la Suède n'ont attendu que quelques années pour imiter les Etats-Unis et abandonner à leur tour la vapeur, mais en Finlande ce mode de traction a survécu beaucoup plus longtemps : au début des années soixante-dix, ce pays possédait un beau parc de locomotives comprenant des 140, des 141 et des Pacific. Lorsque celles-ci furent remplacées, nombre d'entre elles furent placées dans des "réserves".

Dans les pays de l'Europe de l'est, la surabondance de charbon et le manque de pétrole ont eu pour conséquence non seulement la survie de la vapeur, mais surtout sa mise à l'abri de pressions commerciales pouvant amener des changements. Pour cette raison, la traction à vapeur a survécu beaucoup plus longtemps qu'en Europe de l'ouest : des 131 de la série 0149 sont encore en service sur les grandes lignes de Pologne, ainsi que des *Kriegslokomotiven* allemandes (de formule 150) et de fabuleuses Mikado de la série Pt47. En Allemagne de l'Est, on trouve encore quelques *Kriegslokomotiven* sur des lignes secondaires. Ce pays est toutefois nettement plus réputé pour ses réseaux à voie étroite qui en dépit de leur lent déclin accueillent encore une extraordinaire diversité de types et de modèles.

Née du démantèlement de l'Empire austro-hongrois au lendemain de la Première Guerre mondiale, la Yougoslavie est un pays de grande diversité territoriale, ce que reflète son histoire ferroviaire. Jusqu'à ces dernières années, ce pays possédait l'un des parcs de locomotives à vapeur les plus variés et les plus fascinants. Des machines de conception autrichienne, hongroise et serbe côtoyaient des types construits ultérieurement pour la Yougoslavie proprement dite, ainsi que de nombreux modèles introduits dans le pays dans le cadre des réparations dues au titre des deux guerres mondiales. Bien qu'au cours des dernières années une grande partie de cette complexité ait été balayée, il est encore possible de voir des Mogul serbes, ou des 131 hongroises dont les origines remontent au début du XXe siècle, ou encore des 030 de l'US Army Transportation Corps datant de la Deuxième Guerre mondiale.

Ci-dessus : *El Elsa*, Bourbonnais Sharp Stewart en service aux houillères de Sabero, dans le nord de l'Espagne, émerge d'un tunnel à la tête d'un train de charbon qui empruntera ensuite le réseau de la RENFE.

Ci-dessus : la gare de Trindade, terminus des lignes à voie métrique rayonnant de Porto. Devant le butoir, l'une des Mallet 0220 desservant ce réseau, construite en 1908.

Page ci-contre : la *Eslava*, l'une des vieilles Bourbonnais à cylindres externes d'Espagne. Cette machine fut construite en 1881 par Hartmann, à Chemnitz ; on la voit ici à la fin de sa carrière, en 1971, à la houillère d'Ujo. Ci-dessus : cette Ten-Wheeler du réseau suburbain à voie métrique de Porto (vue ici à Senhora da Hora) a été construite en 1904 par Emil Kessler, d'après un modèle datant des années 1880.

¡ATENCION
A LA CATENARIA!
A

Page ci-contre : les plus formidables locomotives espagnoles destinées aux voies de 1 676 mm furent les puissantes Confédération (de formule 242), dont dix furent construites par Maquinista de Barcelone au milieu des années cinquante. Ci-dessus : une Ten-Wheeler à cylindre interne de la vallée du Douro, dont les formes répondent à celle des monuments de Regua.

Le type 240 était fréquemment utilisé en Espagne, en raison des nombreuses courbes et des restrictions de poids imposées par les lignes. Ci-dessus : l'une de ces machines sous pression à Salamanque. Page ci-contre : l'une des magnifiques 140 à quatre cylindres compound présentées pour la première fois en 1912, en action sur la ligne de la vallée du Douro.

C.P.
754

40 261

Les Consolidations (formule de roues 140) du groupe 740 assurèrent pendant une soixantaine d'années le remorquage des trains de marchandises sur le réseau des *Ferrovie dello Stato* italiens ; elles survécurent jusqu'à la fin de l'ère de la traction à vapeur, et aujourd'hui encore l'on entend parler de 740 effectuant des missions de ballastage. Page ci-contre : une 740 assurant le transport des marchandises de Belluno à Trévise traverse Cornuda. Le Gruppo 740 fut l'une des classes de machines choisies par les Chemins de Fer italiens pour être dotées de pré-réchauffeurs Crosti. Cette splendide innovation, qui utilisait les gaz d'échappement pour chauffer l'eau d'alimentation, avait pour conséquence le positionnement de la cheminée au niveau de la boîte à fumée. Au cours des années 1950, quelque quatre-vingts machines furent ainsi modifiées - et reclassifiées sous le Gr. 741. Ci-dessus : une 741 tire un train de passagers sur la ligne Fortessa-San Candido, dans le nord du pays.

Au début des années 1970, l'Italie comptait un millier de locomotives à vapeur ; la plupart de ces machines étaient des modèles de grande série, dont l'origine remontait à la nationalisation des chemins de fer italiens, en 1905. L'un des types les plus robustes était la Mogul Gruppo 625 (ci-dessus et page ci-contre). Cette locomotive d'aspect typiquement italien - délicieusement démodée - demeura en service sur de nombreuses lignes secondaires jusqu'à la fin de l'ère de la vapeur.

625 177

050 383-9

L'un des principaux modèles utilisé sur le réseau allemand fut la Decapod (formule de roues 150) série 50, qui fit son apparition en 1938 ; construite à trois mille exemplaires, cette machine allait constituer la base des *Kriegslokomotiven* de la Deuxième Guerre mondiale. Elle fut finalement produite à plus de six mille exemplaires, ce qui consacrera l'une des plus grandes réussites de l'histoire ferroviaire. Ci-dessus : une locomotive de la classe 298 franchit le viaduc de Waldrenkirchen, sur la ligne à écartement étroit des Chemins de Fer d'Etat autrichiens Garsten-Molin.

La ligne de la Selketalbahn, longue de vingt-cinq kilomètres, qui traverse des paysages de toute beauté dans le massif de la Harz, est sans doute la plus charmante des lignes à écartement étroit de la R.D.A. ; construite sur voie métrique, elle est empruntée par les dernières Mallet encore en fonction dans ce pays, des 022 datant du début du XXe siècle. La ligne commence à Gernrode, se poursuit jusqu'à Alexisbad, où elle se sépare en deux embranchements, dont l'un atteint Harzgerode et l'autre Strassberg. Ci-dessus et page ci-contre : ces 022T ont quitté Gernrode au petit matin, pour se diriger vers Alexisbad à travers la campagne en fleur.

DR

5906-5

La dernière survivante des 040 de la Feldbahn allemande à écartement de 600 mm (ci-dessus) s'est maintenue jusqu'à la fin des années 1970 sur une ligne consacrée au transport de l'argile à Bad Muskau. Page ci-contre : l'une des Mallet à formule de roues 0220 de la ligne est-allemande à écartement métrique Selketalbahn s'apprête à quitter la gare de Silberhutte, à la tête du train de 13 h 44 pour Strassberg.

99 5902-4

Ci-dessus : deux des machines exposées in situ au musée ferroviaire de Wenecja, en Pologne. Celle de droite revêt une grande importance historique : construite par Orenstein & Koppel en 1911, elle annonçait les locomotives “Feldbahn” de la Grande Guerre. Page ci-contre : la dernière Feldbahn 040 survivante sur la ligne forestière de Czarna Bialystok, près de la frontière entre le nord-est de la Pologne et l’Union soviétique. Plusieurs milliers de Feldbahn furent construites, qui suivirent les armées allemandes à travers l’Europe au cours de la Première Guerre mondiale. Au lendemain du conflit, nombre d’entre elles furent reclassées sur les lignes forestières et industrielles.

Page ci-contre : deux modèles européens classiques, côte à côte en Slovénie. Celle de gauche est une Kriegslokomotive allemande à formule de roues 150 (Decapod) ; certaines de ces machines furent données à la Yougoslavie au titre des réparations dues par l'Allemagne à la suite de la dernière guerre. La locomotive de droite est une 050 classe 28 des Chemins de Fer d'Etat autrichiens ; nombre de ces machines furent cédées à la Yougoslavie au moment de son accession au rang de nation indépendante. Ci-dessus : les locomotives de la classe 424 (à formule de roues 240) étaient les plus grosses et les plus importantes machines des Chemins de Fer d'Etat hongrois. Ce type fut également très répandu en Yougoslavie (pays pour lequel des exemplaires furent construits à Budapest jusqu'à la fin des années cinquante), où il constitua la classe 11 des Chemins de Fer de l'Etat.

Le spectacle de ces magnifiques 050 tirant leur fret lourd sur les lignes des monts de Slovénie représentait une expérience inoubliable. Ce type est dérivé de la série 180 des locomotives de formule 050 à deux cylindres compound, dessinées en 1900 par le légendaire ingénieur autrichien Karl Gölsdorf. Reconstruites en machines à simple expansion dotées d'un surchauffeur, ces locomotives désormais désignées sous le type 80.9 se montrèrent à leur avantage sur les sinueuses lignes autrichiennes. Sur le réseau des Chemins de Fer d'Etat yougoslaves, elles étaient connues en tant que classe 28. Ci-dessus : l'une d'elles, qui remorque un train de marchandises de Nova Gorica à Sezana, s'apprête à se ravitailler en eau à Stanjel. La locomotive date de l'Empire autrichien, et la voie a été coulée au XIXe siècle par la firme allemande Krupp. Page ci-contre : une locomotive-tender classe 51 de formule 131 tire un train de marchandises sur la ligne Karlovac-Sisak.

67.6

51 024

Ci-dessus et page ci-contre : les Prairie yougoslaves de la classe 51, dont les premiers exemplaires apparurent en 1907 sous la dénomination de classe 375 des Chemins de Fer d'Etat hongrois, figurent parmi les plus remarquables survivantes d'Europe. Elles jouèrent un rôle important sur les lignes légères rurales de Yougoslavie, et en dépit de leur aspect archaïque elles continuèrent d'être construites en Hongrie jusqu'en 1959. La Yougoslavie hérita de ces locomotives qui provenaient de l'ancien territoire hongrois de Croatie ; quinze de ces machines furent construites en 1942 par les chantiers yougoslaves Slavonski Brod. Les machines en service sur la ligne Karlovac-Sisak comprennent à la fois des modèles hongrois et des exemplaires yougoslaves. Ci-dessus : le train de passagers Karlovac-Sisak, lors de son long arrêt en gare de Vrginmost.

Dépourvue de gisements de houille, l'Italie se devait d'économiser l'énergie aussi efficacement que possible, ce qui entraîna la transformation des Consolidation du Gruppo 740, qui après avoir reçu un pré-réchauffeur Crosti furent reclassifiées en Gr. 743. Le pré-réchauffeur prélevait les gaz d'échappement chauds et les rejetait au niveau de la chambre à fumée, à une température nettement moindre que sur une locomotive conventionnelle. Cette innovation italienne, qui permettait une réduction de la consommation de charbon atteignant dix pour cent, fut adoptée par plusieurs pays dans les dernières années de l'ère de la vapeur. La classe 324 des Chemins de Fer d'Etat hongrois, de type Prairie, fut présentée en 1909. Ces magnifiques machines furent abondamment utilisées en Yougoslavie, sous la désignation de classe 22. Page ci-contre : l'ultime survivante, photographiée à Varazdin peu avant son transfert vers le chantier de démolition de Zapresic, dans les faubourgs de Zagreb.

Au cours de la dernière décennie, la Turquie s'est bâti une réputation dans le domaine ferroviaire, pour avoir conservé des locomotives à voie standard de types très variés, de construction allemande, britannique et américaine. Les Chemins de Fer d'Etat turcs n'ont jamais été à même de respecter le programme, de sorte que l'on trouve encore dans ce pays un certain nombre de machines à vapeur. Page ci-contre, en haut : une voie d'évitement de l'embranchement des houillères EKI à Catalagzi (Zonguldak), sur la côte de la mer Noire. A gauche, une ancienne Bourbonnais (formule 030) des Chemins de Fer d'Etat turcs, qui effectue aujourd'hui des manœuvres sur la ligne des houillères ; à droite, l'une des Bourbonnais à caissons d'eau "en corbeille" construites en 1942 par la firme de Stafford Bagnall pour la voie métrique des houillères. Page ci-contre, en bas : ces deux machines de la gare de jonction d'Irmak sont tout à fait remarquables. A gauche, une Consolidation (formule 140) qui appartenait jadis à la classe prussienne G82, et à droite, l'une des célèbres Consolidation Stanier 8F acquises par la Turquie au lendemain de la Deuxième Guerre mondiale. Ci-dessus : une Kriegslokomotive allemande parfaitement entretenue.

De nombreuses locomotives anciennes, dont des G8 prussiennes de formule 040, circulaient sur les lignes surburbaines très fréquentées de la région du port égéen d'Izmir. La classe G8, l'une des plus importantes numériquement de l'histoire du chemin de fer, comptait cinq mille deux cents machines qui, à la suite des bouleversements provoqués par les deux conflits mondiaux (et notamment par le jeu des réparations de guerre), furent mises en service dans de nombreux pays. Ci-dessus : fait remarquable, soixante-dix ans après sa construction en 1913, cette machine conçue par les Prussiens pour le transport des marchandises tirait encore des trains de passagers autour d'une ville turque moderne. Page ci-contre : cette machine française, construite en 1912 par Humboldt pour les Chemins de Fer Smyrne (Izmir)-Cassaba, s'apprête à remorquer un train de nuit d'Izmir à Buca.

Ci-dessus : cette puissante Consolidation à deux cylindres des Chemins de Fer d'Etat turcs fut construite sur le modèle de la classe G82 prussienne, qui compta jusqu'à plus de mille unités (dont soixante-deux construites pour la seule Turquie entre 1927 et 1935). Page ci-contre : cette 140 Stanier appartint à la classe 8F de la LMS (London-Midland-Scottish Railway), l'une des plus importantes classes britanniques avec plus de sept cents unités. Nombre de ces locomotives furent construites au cours de la Deuxième Guerre mondiale ; vingt exemplaires furent finalement livrés à la Turquie, où quelques survivantes n'achevèrent leur carrière que dans les années 1980. Pages suivantes : l'aube se lève sur la Mikado N° 1074 appartenant à la classe TR1 des Chemins de Fer finlandais. Cette machine effectuait une mission de réparation du ballast en Laponie finnoise.

45161

NAPAPIIRI
POLCIRKELN
CERCLE POLAIRE

1074

Les locomotives finlandaises ont exercé leurs talents jusque dans les dernières années de l'ère de la vapeur. Parmi les modèles les plus appréciés figuraient les 140 de la classe TK3, que les Finlandais appelaient "petites Jumbo et qui, avec leur charge axiale de seulement 10,7 tonnes, étaient à même de circuler sur des lignes très diverses. La construction commença en 1927 pour s"achever en 1953, date à laquelle cent soixante et une unités avaient été produites. Une importante proportion de ces locomotives (dont la N° 1163, ci-dessus) fonctionnaient au bois : leur cheminée caractéristique était destinée à empêcher les projections d'escarbilles. A l'instar de nombreux pays, la Finlande adopta une politique d'unification des classes et des modèles, qui s'articula autour de Mikado (formule de roues 141) et Pacific (formule 231) à chaudières interchangeables. Page ci-contre : l'une des Mikado de la classe TR1, qui compta au total soixante-sept machines. Ces locomotives, connues sous le nom de"Risto", furent parmi les dernières machines à vapeur en service en Finlande. Pages suivantes : une Consolidation de la classe TV1 se dirige vers Kontiomäki à la tête d'un train de sable. Les TV1, apparues en 1917, furent construites à quatre-vingt-dix-sept unités jusqu'en 1945.

V.R. SUOMI 85585 Ma
V.R. SUOMI Ma 86114
V.R. SUOMI 87090 Ma

LA VAPEUR EN INDE ET AU PAKISTAN

Avec quelque cinq mille locomotives, le sous-continent indien est aujourd'hui le second plus gros bastion de la traction à vapeur. Avec ses onze mille machines en service, la Chine occupe confortablement le premier rang, mais le parc traction de ce pays est standardisé et ne comporte que peu de locomotives âgées de plus de cinquante ans, alors que les machines du sous-continent indien sont très diverses et souvent fort anciennes.

L'immensité du réseau ferroviaire indien est difficile à imaginer pour les Européens. En plus des longues distances couvertes, ce réseau est extrêmement dense et utilisé de manière intensive. Le chemin de fer s'étendait de la Birmanie à la passe de Khyber, et de l'Himalaya à Ceylan et eut sur l'Inde un effet d'unification industrielle et sociale, tout comme la langue anglaise avait eu un effet d'unification culturelle. Quatre écartements furent finalement retenus, qui eurent pour conséquence la création de réseaux de grandes lignes de 1 676 mm et d'un mètre d'écartement, ainsi que de réseaux secondaires de 610 mm ou 762 mm.

Les locomotives conçues par les constructeurs impériaux pour les chemins de fer indiens s'inspiraient fortement de celles de Grande-Bretagne. Au cours de leur évolution marquée par la diversité, ces chemins de fer indiens semblèrent suivre l'exemple des chemins de fer britanniques des années précédant les grands regroupements. Les compagnies indiennes commandaient généralement leurs machines en Grande-Bretagne mais, au tournant du XXe siècle, la construction de locomotives fut entreprise à Jamalpur et Ajmer.

La prolifération des types de locomotives étant devenue source d'inquiétude, la British Engineering Standards Association (BESA) créa en 1905 des machines destinées à répondre aux besoins de toutes les lignes de 1 676 mm du sous-continent. Ces locomotives appartenaient au type alors dominant en Grande-Bretagne : 030 à cylindres internes, 2G0 à cylindres internes Atlantic, 230 et 140. Les machines répondant aux normes BESA, exportées en grand nombre par presque tous les grands constructeurs britanniques, accomplirent magnifiquement la tâche qui leur était dévolue, mais une quinzaine d'années plus tard les tonnages avaient considérablement augmenté et les étroits foyers des locomotives britanniques traditionnelles étaient la cause de difficultés croissantes, en raison de la qualité médiocre du charbon indien. De nouvelles machines furent donc conçues par les ingénieurs britanniques à l'intention du sous-continent : les célèbres Série X, comprenant les trois classes de Pacific destinées au travaux légers, moyens et lourds (XA, XB et XC) et deux Mikado (141) destinées au transport de fret moyen et lourd (XD et XE). Toutes ces classes étaient conçues pour s'accommoder d'un charbon de piètre qualité ; la série était complétée par la locomotive de manœuvre lourde XF et la surpuissante XG, indispensable dans le cadre des énormes centres de triage apparus avec le développement des chemins de fer indiens.

Avec leur foyer large (concept inspiré des réalisations américaines), les machines de la série X s'éloignaient quelque peu de la tradition britannique ; les différences s'accentuèrent encore au cours de la Deuxième Guerre mondiale, lorsque l'Inde se dota d'un certain nombre de modèles purement américains, dont l'un était une version adaptée à l'écartement de 1 676 mm de la classique S160 (à formule de roues 140), et fournie par les Etats-Unis dans le cadre de l'aide à l'Europe. Les Etats-Unis fournirent également les Mikado de classes AWE et CWD, versions américaines des types XE et XD. La robustesse de ces machines s'avéra idéale pour les conditions de fonctionnement propres à l'Inde, aussi le sous-continent se tourna-t-il dès lors vers les traditions américaines pour le reste de ses modèles majeurs. Cette tendance put s'exprimer plus aisément à partir de 1947, date de la fin de l'administration britannique. Le choix final des modèles à grand écartement se réduisit à deux classes : l'une, Pacific fortement américanisée et partiellement profilée, classifiée WP, fit son apparition en 1947 ; l'autre, Mikado classifiée WG et destinée aux transport des marchandises lourdes, apparut en 1950. Ces machines furent construites dans de nombreux pays, à plus de trois mille exemplaires au total.

La diversité mondialement célèbre des locomotives indiennes ne s'applique pas aux machines conçues pour les grands écartements. Aucun des modèles répondant aux normes BESA, ni même ceux de la série X, n'est plus en service régulier, même si quelques exemplaires de ces deux groupes fonctionnent encore sur des sites industriels. Les machines américaines datant de la Deuxième Guerre mondiale ont elles-mêmes été récemment mises hors service, de sorte que la totalité du réseau à voie large ne compte plus que des WP et WG. Les locomotives de ces deux catégories remplissent encore les missions pour lesquelles elles ont été conçues, même si les WP se retrouvent de plus en plus fréquemment à la tête de trains omnibus opérant sur des lignes secondaires (tâches subalternes, pour lesquelles les WP et les WG sont interchangeables), cependant que les WG sont généralement reléguées aux manœuvres et aux parcours touristiques.

Les nombreux modèles de conception britannique jadis utilisés sur les voies métriques ont eux aussi disparu, et sur ces réseaux le service est surtout assuré par les Pacific YP et les Mikado YG - homologues d'inspiration américaine des WP et WG. La diversité la plus grande caractérise les lignes à voie étroite non reliées entre elles, où les locomotives à vapeur tendent à conserver, là où elles subsistent, toute leur originalité. La plus célèbre de ces lignes est la Darjeeling and Himalayan Railway, qui atteint une altitude de deux mille deux cent cinquante mètres. Le charme et le caractère rustique de ces réseaux rappellent l'Angleterre rurale du siècle passé.

Page ci-contre : une Bourbonnais (formule de roues 030) de construction britannique à cylindre interne datant de la période BESA, vue à proximité de Dandot, dans le Pendjab pakistanais. Des machines de ce type furent utilisées sur les lignes d'écartement 1 676 mm du sous-continent indien, de la passe de Khyber au Bangladesh.

Une grande diversité de modèles caractérise également les lignes industrielles de l'Inde : nombre de ces locomotives sont d'anciennes machines de lignes principales ; elles comprennent aussi quelques machines issues des réseaux régionaux des débuts de l'implantation des chemins de fer en Inde, au XIXe siècle. Un exemple parfait de ces dernières n'est autre que la 03Q de la classe F, conçue pour les voies métriques et construite en grand nombre entre les années 1870 et les années 1920 : elle est aujourd'hui considérée comme l'une des grandes classiques de l'histoire mondiale de la locomotive.

Le Pakistan voisin possède relativement peu de lignes à voie étroite, et un réseau métrique limité. Le renom mondial du réseau pakistanais est dû à ses lignes d'écartement 1 676 mm : aussi stupéfiant que cela puisse paraître, deux des plus importants modèles des séries BESA continuent d'accomplir leur rude tâche : il s'agit des locomotives de formule 030 et 220 à cylindres internes - ultimes machines de transport de la Grande-Bretagne victorienne.

Les deux principaux types de locomotives britanniques de la fin du XIXe siècle furent la Bourbonnais (formule 030) à cylindres internes, destinée au remorquage des trains de fret lourd et des convois mixtes, et sa cousine American (formule 220), adaptée au transport express des passagers. Au cours de cette période, de très nombreuses machines furent exportées vers l'Inde, et au début du XXe siècle des modèles presque identiques furent construits sur place dans le cadre du programme BESA. Après plus de quatre-vingts ans des exemplaires des ces ultimes 030 et 220 victoriennes demeurent en circulation sur le réseau pakistanais. Leur principal centre d'activité se trouve à l'embranchement de Malakal, au Pendjab. Toutes ces machines fonctionnent désormais au pétrole, car le Pakistan ne recèle pas de gisements de houille. Page ci-contre : une Bourbonnais à cylindres internes s'éloigne de Malakal, cependant qu'une élégante American à cylindres internes (ci-dessus) monte en pression sur une voie du dépôt.

De nombreuses locomotives britanniques furent exportées en Inde dans le cadre du programme de standardisation - "série X" - des années 1920 : ce fut notamment le cas de cette belle Pacific classe XC (ci-dessus) et de cette Mikado classe XD (page ci-contre). Les XC présentent l'aspect caractéristique des machines des années vingt. Cette classe comptait au total soixante-douze machines, qui provenaient principalement de la Vulcan Fondry de Newton-le-Willows, dans le Lancashire. La Mikado classe XD, puissante locomotive conçue pour les trains mixtes et le fret lourd, fut construite pour la première fois par la Vulcan Foundry en 1927. Lorsque la production cessa, en 1948, cette classe typiquement britannique comptait près de deux cents unités. Jusque dans les années 1960, les XD tiraient des trains de mille huit cents tonnes sur les cent vingt-quatre kilomètres séparant la gare de jonction de Dornakal de Vijaywadda ; le trajet était accompli en deux heures un quart, ce qui démontre que la locomotive à vapeur n'est pas uniquement une relique du passé. Pages suivantes : la Consolidation N° 26190 de la classe HSM nous ramène à la période BESA. Elle fut construite en 1924 pour la Bengal & Nagpur Railway, par Armstrong Whitworth de Newcastle. Ces élégantes 140 finirent leur jour dans la région de Calcutta, où elles tiraient des wagons à bestiaux vides.

XC

22372 XD

26190
HS

Pendant de longues années, les opérations ferroviaires effectuées sur les vastes docks de Calcutta le furent par ces robustes 031 à réservoir d'eau latéral (page ci-contre, en haut et en bas), construites à l'origine par la firme de Leeds Hunslet, en 1945. Satisfaite de ces machines, le Calcutta Port Trust décida - chose inhabituelle chez les industriels utilisateurs de locomotives à vapeur - de standardiser son parc traction autour d'un modèle, ce qui n'empêche que lorsque le besoin de nouvelles locomotives se fit sentir, la série suivante fut produite par le constructeur allemand Henschel, et le dernier lot par la société japonaise Mitsubishi, en 1954. Ci-dessus : une Andrew Barclay à formule de roues 021 de la Indian Iron & Steel Corporation remorque un chargement de minerai de fer vers l'embranchement de la South Eastern Railway à Manoharpur.

B.K 3

Page ci-contre : une 032 à caissons latéraux construite en 1914 par Bagnall, sur la voie de 762 mm de la ligne Burdwan-Katwa. Ci-dessus : la célébrissime ligne de la Darjeeling-Himalayan Railway, d'une dénivellation de plus de deux mille mètres sur les quatre-vingt-huit kilomètres de son parcours. Pages suivantes : l'une des dernières Mikado classe XD de la Indian Railway.

RAGHAVA

22372
XD

Des Britanniques quittèrent Calcutta pour pénétrer dans les jungles inhospitalières de l'Assam, où ces intrépides pionniers implantèrent diverses industries (plantations de théiers, exploitation du bois et du charbon). Certaines des locomotives au réservoir d'eau placé à califourchon sur la chaudière qui suivirent ces hommes subsistent encore près d'un siècle plus tard. Ci-dessus : la *David*, construite en 1924 à Stafford, par Bagnall's Castle Engine Works, fut ensuite en service à la houillère de Tirap, près de la frontière birmane. Ci-contre : la *Sally*, locomotive Bagnall de 1930. Ces machines furent livrées par la Assam Railways & Trading Company, organisation mise en place par les Britanniques pour développer l'économie du Haut-Assam. Page ci-contre : cette loco-grue de formule 030 fut exportée de Leeds en 1903 par Manning Wardle. En Inde, cette machine était en service dans un dépôt de traverses ; l'une de ses tâches consistait à soulever des troncs d'arbres et à les convoyer vers la scierie où ils étaient transformés en traverses destinées aux lignes principales de la Indian Railway.

WATER TANK
3
JUDW

LUDLOW JUTE MILLS
CALCUTTA
LUDLOW JUTE MILLS
CALCUTTA

Page ci-contre, en haut : ces deux Fireless, à l'œuvre sur le chantier de la Ludlow Jute Mill, à Calcutta, sont des Orenstein & Koppel à formule de roues 020, très différentes l'une de l'autre cependant : sur celle de gauche, les cylindres et la cheminée sont à l'arrière, alors que sur celle de droite ils sont placés de façon conventionnelle. Page ci-contre, en bas : cette antique 021 est sans doute la dernière survivante des machines produites par les chantiers Britannia de Kilmarnock, en Ecosse. Elle fut à l'origine construite pour le port de Karachi, mais finit ses jours dans l'établissement de créosotage de Dhilwan, au Pendjab indien. Ci-dessus : la *Cheetal*, charmante Bourbonnais construite à Leeds en 1923 par John Fowler, franchit un pont sur la voie de 610 mm de la Upper India Sugar Mills, à la tête d'un convoi de canne à sucre. Pages suivantes : après avoir fait le plein de vapeur auprès de l'une des chaudières de l'usine, l'une des Fireless de la Ludlow Jute Mills s'élance sur la jetée à la tête d'un train bien chargé.

LA VAPEUR EN CHINE

Au cours de ces dernières années, la Chine s'est acquis une réputation mondiale pour ses trains à vapeur. Les médias occidentaux ont rapporté le fait que la Chine continue de construire des locomotives à vapeur - ce qui n'a pas manqué de provoquer l'étonnement des enthousiastes comme des profanes. Avec onze mille locomotives à vapeur en service, la Chine est bien le paradis de la vapeur. Ce vaste pays, où vit un quart de la population mondiale, est devenu une puissante nation industrielle dont le bon fonctionnement dépend largement des transports publics. Compte tenu de cette situation, il n'est pas difficile d'imaginer l'ampleur du réseau ferroviaire chinois.

Avant que la Chine ne s'ouvre à l'Ouest, on pensait communément que ce pays abritait toutes sortes de raretés exotiques, mais en l'espèce cette supposition s'est avérée totalement inexacte. Une rigoureuse standardisation a toujours été de mise, avant et surtout après la fondation de la République populaire - seule la Russie puis l'Union soviétique ont atteint un degré comparable de standardisation. Sur les onze mille locomotives en service, neuf mille appartiennent à six types de base. En haut de la liste, les 150 de la classe QJ sont environ quatre mille. Elles traitent les marchandises les plus pesantes, aidées en cela par les 151 de la classe JS, au nombre de mille cinq cents. Les JS sont inspirées des Mikado JF, dont un millier demeurent actives ; les Mikado SY industrielles sont un peu plus petites : mille cinq cents d'entre elles sont en service. Il n'existe que deux classes de locomotives destinées au transport des passagers : ce sont toutes deux des Pacific, la SL6 des années trente, et la classe RM plus récente, qui à elles deux représentent mille machines.

En dépit de cette standardisation, les chemins de fer chinois proposent à l'amateur des spectacles incomparables. Nulle part ailleurs on ne trouve des grandes lignes fréquentées presque uniquement par des trains à vapeur, qui se succèdent toutes les vingt minutes environ, de nuit comme de jour. Sur une ligne typique, des QJ assurent le transport du fret sur de longues distances, quelques JS celui du fret local, cependant que les Pacific transportent les passagers ; sur des lignes tout aussi fréquentées, il arrive que l'on ne trouve que des QJ. Le volume de l'activité compense aisément le manque de diversité, mais en tout état de cause, à l'intérieur même d'une classe, les locomotives varient sinon par les caractéristiques mécaniques tout au moins par les décorations, qui en Chine sont extraordinairement riches.

La publicité dont ont fait l'objet dans le monde entier les trains à vapeur chinois pourrait conduire à penser que ce pays met en œuvre une politique volontariste en faveur de la vapeur. Or, de nombreuses grandes lignes sont électrifiées, et cette forme de traction ne cesse de progresser, tout comme la traction Diesel. Nombre des express chinois sont diésélisés depuis des années, les autres étant en voie de conversion rapide, et ce en raison de l'incapacité des Pacific à faire face à l'augmentation des tonnages transportés. En dépit du programme de modernisation mis en œuvre par les Chinois, le parc des machines à vapeur n'a que très peu évolué. Cette situation découle de plusieurs facteurs principaux. Tout d'abord, le développement rapide de l'économie nationale entraîne un accroissement massif du trafic ferroviaire (les nouvelles locomotives ne font que répondre à cet accroissement, sans rien changer au nombre des machines à vapeur). D'autre part, la Chine continue de construire des voies ferrées, et à implanter notamment de nouvelles grandes lignes qui s'étirent sur des distances très importantes. Ces lignes nouvelles ayant tendance à utiliser dès leur mise en place des modes de traction modernes, elles constituent un autre champ de demande pour toutes les motrices Diesel et électriques que la Chine peut construire ou importer. En outre, lorsque les machines non-standard ou même certains exemplaires anciens appartenant aux séries standard sont réformés, ils sont remplacés par de nouveaux modèles des classes QJ, JS et SY.

On attribue traditionnellement une grande sagesse aux Chinois : il est certain que leur politique consistant à adopter le mode de traction le plus approprié en chaque circonstance paraît frappée au coin du bon sens. Leur pays est riche en gisements de charbon, de fer... et de main-d'œuvre. Ces paramètres, ajoutés au caractère centralisé de l'économie nationale, rendent tout à fait rationnel l'emploi de la traction à vapeur.

Les grandes lignes ferroviaires de Chine sont si importantes et si fascinantes que beaucoup de réseaux industriels à voie étroite ont souvent été négligés. Dans les houillères et les complexes sidérurgiques, les Mikado SY standard ont pratiquement supplanté l'extraordinaire panoplie des anciennes locomotives de lignes principales qui, il y a peu d'années encore, subsistaient dans un tel environnement. Mais les réseaux à voie étroite, où la standardisation progresse à grands pas, accueillent néanmoins une gamme de machines totalement différente. Sur les lignes forestières de Chine, les 040 adaptées aux voies de 762 millimètres, de construction normalisée, prédominent nettement, et particulièrement dans la province du Heilongjiang (nord-est de la Chine). Quelques exemplaires de ce type issu d'une locomotive soviétique sont encore construits par les chantiers de la Compagnie des Machines Forestières de Harbin. Beaucoup plus étendus que les réseaux forestiers, les chemins de fer locaux chinois (dont l'écartement est aussi de 762 mm), gérés par les autorités locales ou provinciales, ont pour fonction de fournir des services de transport des passagers et des marchandises dans les zones rurales. Dans les seules provinces du Henan et du Hebei, ces réseaux locaux ont une longueur de deux mille cinq cents kilomètres. Nombre de ces lignes sont desservies par des trains à vapeur ; quel que soit le type de traction employé, on estime que le coût du transport sur ces lignes locales est de deux à trois fois inférieur à celui des transports routiers. La construction de lignes locales se poursuit, et leur longueur totale devrait atteindre quelque seize mille kilomètres à l'orée du XXIe siècle.

Page ci-contre : par un matin glacial et brumeux de Harbin (où les températures descendent à -35° C), une 151 de la classe QJ s'apprête à se ravitailler en eau.

Fierté de Harbin, la 151 classe QJ N° 2470 *Zhou De* (ci-dessus et page ci-contre) est l'une des locomotives les mieux entretenues des Chemins de Fer chinois ; elle est basée à Harbin depuis de longues années. Zhou De (Chou Teh) était l'un des dix maréchaux chinois, qui dirigea l'armée Rouge depuis sa création en 1927 jusqu'à la révolution de 1949, date à laquelle il était le second de Mao ; avant la fondation de la République populaire de Chine, l'armée Rouge était connue sous le nom d'"Armée Zhou De-Mao". Ci-dessus : chauffeur automatique en action, la *Zhou De* approche du sommet de la rampe de Wang Gang, à la tête d'un lourd convoi de marchandises. Page ci-contre : le général Zhou De observe d'un œil impassible la voie, depuis la chambre à fumée de la locomotive qui porte son nom ; celle-ci s'apprête à quitter le dépôt de Sankong à Harbin. Page suivantes : un long convoi de wagons de pétrole, attelé à une 151 classe QJ, se dirige d'Anshan vers Dalian, sur la mer Jaune.

朱德號
大干四化 当好先行

280

前进 290

Harbin est réputée être la ville la plus froide de Chine. Le vent glacial de Mandchourie souffle avec une telle rage qu'il est presque impossible de tenir et régler un appareil-photo. Page ci-contre : à Sankong, deux QJ unissent leurs efforts pour tirer leur train chargé de bois pesant deux mille tonnes. Ci-dessus : deux 151 de la classe QJ se lancent à l'assaut de la rampe de Wang Gang, à la tête d'un train de marchandises de huit cents mètres de long. Ci-contre : dans la gare de Sankong, deux QJ s'ébranlent à la tête d'un train de fret lourd. Pages suivantes : en Mandchourie, le froid hivernal est si intense que d'épais dépôts de glace se forment sur la locomotive.

前进

290

Page ci-contre : cette Prairie (formule 131) industrielle de la classe YJ dévoile nettement ses origines américaines. Les YJ sont issues de la classe PL2, présentée en 1941. La JF fut pendant de longues années l'une des principales machines pour trains de marchandises sur de nombreuses grandes lignes de Chine, mais à l'avènement des classes JS et QJ elle fut reléguée dans un rôle secondaire - manœuvres, signalisation, transfert de fret d'une gare de triage à une autre. La locomotive N° 2422 (ci-dessus), qui est depuis longtemps la locomotive de manœuvre de la rotonde de Changchun, est immédiatement reconnaissable à son tender découpé pour faciliter le positionnement des machines au foyer éteint sur le pont tournant et les différentes voies de la rotonde semi-circulaire. Pages suivantes : à Anshan, le chauffeur de la Prairie industrielle classe YJ N° 290 observe le photographe, tandis que les chaudrons de son train sont remplis d'acier en fusion.

290

YJ290
44
14

2450

Page ci-contre : une QJ s'apprête à quitter la gare de triage de Sankong à la tête d'un train de marchandises. Ci-dessus : une JF entraîne des wagons vers le bas de la butte, avant d'aller constituer des convois suivants. Pages suivantes : toute la magie de la vapeur transparaît dans cette vue du centre de triage de Sangkong.

前进 458

CONSTRUCTION ET RÉPARATION

La visite de l'un des énormes ateliers où étaient construites ou révisées des locomotives de toutes sortes constituait une expérience inoubliable. En Grande-Bretagne, autour des immenses hangars où bien souvent l'on assemblait également des wagons, se développèrent de grandes villes "ferroviaires" - les noms de Crewe, Doncaster, Swindon et Derby viennent immédiatement à l'esprit. La fascination exercée par ces lieux magiques était propre à la Grande-Bretagne, car de nombreuses nations pratiquaient une politique différente, dans le cadre de laquelle les compagnies de chemin de fer commandaient leurs locomotives auprès de constructeurs privés, et se contentaient ensuite de réviser et d'entretenir leur parc traction. En Angleterre, il arrivait également que les compagnies emploient des locomotives construites par le secteur privé, mais uniquement lorsqu'elles-mêmes étaient incapables de produire suffisamment rapidement les machines nécessaires.

La révision d'une locomotive peut être divisée en deux grands types d'opération. L'entretien de routine, effectué au dépôt d'attache de la machine, consiste surtout à nettoyer la chaudière et à remplacer les pistons, roulements et autres pièces relativement simples qui se sont montrées défectueuses. Pour les révisions plus complètes, qui impliquent des travaux majeurs touchant aux structures même de la locomotive, la machine est renvoyée chez le constructeur, pour y être presque entièrement "dépecée" avant remplacement d'éléments importants tels que chaudière et boîte à feu, châssis, cylindres et roues. La plupart des locomotives à vapeur doivent subir une révision générale tous les trois ans, après avoir parcouru un certain kilométrage. Il n'est pas rare sur les réseaux empruntés par les machines de ce type de voir des locomotives sales et lasses prendre péniblement le chemin de l'atelier de révision, pour revenir deux mois plus tard fraîchement repeintes et pleines d'une vigueur nouvelle.

L'ère de la vapeur triomphante semble si lointaine dans la majeure partie du monde occidental que l'on a peine à croire qu'en Grande-Bretagne la construction de locomotives à vapeur n'a cessé qu'en 1960. Huit ans plus tard, la traction à vapeur avait disparu de ce pays, et de nombreuses locomotives prirent le chemin de la casse après seulement quelques années de service. Dans d'autres pays industrialisés la construction avait cessé des années auparavant. La Grande-Bretagne s'est donc distinguée en étant l'un des premiers à mettre en œuvre mais aussi l'un des derniers à abandonner la traction à vapeur. Après elle, seules l'Inde et la Chine poursuivirent une politique de construction : la première continua jusqu'au milieu des années 1970 de produire des WP et des WG dans les ateliers de Chittaranjan, au Bengale ; alors la Chine demeura la dernière à persévérer dans la production de locomotives à vapeur, les ateliers de Datong, dans le Shanxi, produisant des Mikado des classes JS et QJ, cependant que ceux de la lointaine Tangshan, dans la province du Hebei, continuent de construire des Mikado industrielles de la classe SY.

Les chantiers de construction de Datong ne furent ouverts qu'en 1959, mais depuis lors ils ont construit plus de quatre mille QJ, le nombre maximum produit en un mois étant de trente machines. En vingt-cinq ans, Datong a produit plus de la moitié du total des locomotives construites à Crewe en un siècle. Toutefois, Datong comme Tangshan ne sont que des chantiers de construction, où n'est effectuée aucune opérationde révision ou de réparation. En 1989, un important changement de politique est intervenu, avec l'annonce de la cessation des activités de construction à Datong, et de leur ralentissement à Tangshan. Malgré cela, la construction de locomotives à vapeur se poursuivra dans les années 1990. Lorsqu'elle cessera finalement, c'est un extraordinaire chapitre de l'histoire industrielle mondiale, ouvert quelque deux siècles auparavant, qui se clora.

Le chantier de réparation de locomotives de Changchun (ci-dessus) est l'un des plus importants de Chine : il emploie cinq mille personnes et effectue quelque trois cents révisions majeures par an. Ses ateliers traitent les machines des secteurs de Harbin, Changchun et Jilin appartenant à quatre classes principales - QJ, JS, RM et SL6 - ainsi que quelques locomotives industrielles de divers écartements.

5333

违章作业就是
章指挥就是

Le chantier de Changchun (page ci-contre, ci-dessus et pages suivantes) n'est chargé que des révisions des locomotives à vapeur, même si au lendemain de l'inauguration de l'établissement en 1958 quelques QJ y ont été construites. Les machines de cette classe viennent ici subir des révisions majeures après avoir parcouru environ trois cent mille kilomètres ; les ateliers de Changchun s'enorgueillissent de la rapidité de leurs interventions : une révision prend en moyenne moins de trois semaines. Sans doute les Chinois n'ont-ils pas réussi à améliorer le faible rendement thermique de la locomotive à vapeur, mais leur politique de standardisation, d'utilisation rationnelle du matériel et de zonage des installations de réparation et de révision a eu pour résultat l'une des applications les plus efficaces de l'histoire de la traction à vapeur.

6092

文 明 生 产

Le chantier de construction de Datong (ci-dessous et page ci-contre), dans le nord de la province du Shanxi, à la frontière de la Mongolie Intérieure, fut la dernière grande usine du monde à produire des locomotives à vapeur. Depuis son implantation en 1959, cet établissement a construit plus de quatre mille QJ, ainsi que plusieurs séries de JS. Le chantier s'étend sur cent trente hectares et emploie huit mille personnes. La plupart des ouvriers vivent à l'intérieur du complexe industriel, qui constitue une sorte de communauté autonome. Le spectacle offert par l'atelier de montage, où les énormes pièces des QJ tombaient infailliblement en place, était grandiose. Dans les dernières années de fonctionnement du chantier, ce spectacle attira d'ailleurs des amateurs venus du monde entier, qui étaient plus fascinés encore par ce qu'ils voyaient lorsqu'ils songeaient que ces ultimes géantes à vapeur seraient presque certainement encore en activité au XXIe siècle.

Ci-dessus : des roues fraîchement peintes, avec leur bandage d'acier solidement mis en place par contraction, attendent d'être montées sur les géantes, qui seront ensuite menées vers les ateliers d'essais. Après avoir satisfait à toutes les épreuves imposées, à l'atelier puis sur la voie réservée aux essais de vitesse, la 151 classe QJ N° 6979 (page ci-contre) a vu sa couche antirouille rose remplacée par une livrée noire standard : elle est désormais prête à prendre sa place sur le réseau. Toutes les décorations seront apportées lorsque la machine entrera en service régulier. Pages suivantes : ces QJ encore revêtues de leur couche antirouille sont sous pression légère dans la lumière blafarde de l'atelier d'essai de Datong. Chaque nouvelle locomotive est testée pendant plusieurs jours sur la voie d'essais.

LA VAPEUR EN AFRIQUE ET AU MOYEN-ORIENT

Ci-dessus : le train mixte qui assure la liaison Tabora-Mpanda, en Tanzanie, avance précautionneusement sur la voie peu stable, derrière la locomotive N° 2611, une Mikado de construction britannique exportée par la Vulcan Foundry en 1952 ; la forme traditionnelle de la machine est quelque peu altérée par l'adjonction d'une cheminée Giesl, d'un réchauffeur d'eau d'alimentation, et d'un système de freinage à air comprimé Westinghouse. Dernière survivante de l'ancienne classe ML de la Tanganyika Railway, cette locomotive a été spécialement retenue pour cette ligne en raison de sa faible charge axiale (9,75 t). Outre la desserte de la mine d'or de Mpanda, elle assure le ravitaillement en eau de tribus isolées, pendant la saison sèche.

L'histoire de l'Afrique est indissociable de celle du chemin de fer, et le rêve nourri par Cecil Rhodes de voir Le Cap relié au Caire par le fer aurait pu et dû depuis fort longtemps devenir réalité. Le développement des chemins de fer en Afrique s'est effectué en étroite association avec les activités tant commerciales que militaires des puissances coloniales. Les chemins de fer eurent pour effet d'ouvrir l'Afrique comme ils l'avaient fait en Amérique du Nord, en dépit des difficultés posées aujourd'hui encore par l'emploi de techniques étrangères à ce continent sous-industrialisé, coupé par de nombreuses frontières nationales et caractérisé par la prolifération des langues et des cultures.

La construction de voies ferrées sur un tel continent représentait un formidable défi financier, aussi la maîtrise des coûts fut-elle dès le départ considérée comme un facteur essentiel - d'où l'adoption de voies à faible écartement, à forte dénivellation et aux courbes de faible rayon, construites sur des ballasts peu stables, ce qui contrastait fortement avec les chemins de fer des nations industrialisées. Pourtant, les inconvénients des faibles écartements étaient en partie compensés par la construction de locomotives proportionnellement plus grosses que celles qui circulaient sur les réseaux à écartement standard.

Les locomotives africaines couvraient une immense gamme de modèles et de formules de roues. Jusqu'aux années vingt, nombre de ces machines étaient des modèles conventionnels de style britannique, mais les 030 et 040 traditionnelles, qui n'étaient guère adaptées aux conditions propres au continent africain, étaient fréquemment remplacées par des 240, des 141 et des 241. Avec l'accroissement de la taille des locomotives, la limitation du poids à l'essieu ainsi que le resserrement des courbes rendirent de plus en plus difficile l'emploi de machines conventionnelles, jusqu'au moment où fut conçu en Grande-Bretagne un modèle convenant parfaitement aux conditions africaines.

Ce modèle articulé révolutionnaire, conçu par Herbert Garratt, fut la plus importante variation jamais jouée sur le thème conventionnel : elle conjuguait une puissance énorme, un poids à l'essieu réduit et l'articulation nécessaire pour négocier les courbes les plus serrées. La force de la Garratt reposait sur le fait que la chaudière, qui disposait de son propre châssis, était suspendue indépendamment de toutes les roues couplées. Le combustible et l'eau étaient transportés dans des compartiments séparés, en avant et en arrière de la chaudière. L'importante question de la répartition du poids était résolue par le positionnement des roues de part et d'autre de la chaudière. Garratt persuada le constructeur de locomotives Beyer Peacock d'adopter ce principe, qui connut ses plus beaux succès en Afrique.

L'équipement du monde occidental en locomotives modernes fut suivi d'une forte pression commerciale exercée par les industriels spécialistes de la traction Diesel en Afrique, considérée comme un riche terrain de chasse. L'attrait des nouvelles techniques est toujours puissant dans les pays du Tiers-Monde qui luttent pour améliorer leur sort. Pourtant, l'emploi de formes de traction très élaborées a souvent posé des problèmes dans l'environnement africain ; de nombreux pays auraient sans doute mieux fait de s'en remettre à la simplicité et à la longévité de la locomotive à vapeur, et de consacrer les fonds disponibles à l'amélioration des voies, des wagons et des compétences du personnel.

En dépit des problèmes que nous venons d'évoquer, l'Afrique demeure un haut lieu de la traction à vapeur ; néanmoins, les Garratt de la ligne de Benguela - merveilleuses machines à la livrée rouge, qui brûlaient le bois d'eucalyptus - ont à jamais disparu, tout comme les dernières Atlantic du monde, qui circulaient au Mozambique. L'Afrique du Sud possède encore quelques lignes sur lesquelles roulent encore des 242 de la classe 25 NC, qui figurent parmi les plus imposantes survivantes de l'ère de la vapeur.

Les Chemins de fer du Zimbabwe sont presque entièrement desservis par des Garratt de divers types ; ainsi, les trains de passagers sont remorqués par les fougueuses 232 + 232 de la classe 15. L'abandon de la traction à vapeur ne semble pas imminent au Zimbabwe (qui dispose d'importantes réserves de charbon) : en 1989, ce pays négociait avec l'Afrique du Sud l'achat d'un lot de machines de formule 242 de la classe 2S NC.

Le Zimbabwe n'est pas le seul pays africain conscient de la valeur de la traction à vapeur. Le Soudan a rencontré d'énormes problèmes d'entretien avec son parc de locomotives Diesel, aussi une politique de retour partiel à la vapeur a-t-elle été entreprise au cours des années 1980, politique soutenue par la compagnie galloise Hugh Phillips Engineering, responsable de la restauration de nombreuses locomotives soudanaises. Ces machines ont joué un rôle de premier plan dans l'acheminement du ravitaillement lors des famines qui ont récemment frappé le Soudan. Le travail de liaison accompli par Hugh Phillips s'est avéré extrêmement positif. Les nations occidentales se doivent assurément de fournir des pièces détachées simples et peu coûteuses au monde en voie de développement, plutôt que de lui imposer des techniques souvent peu adaptées à la situation.

Sur les lignes de l'ancienne East African Railways Corporation, qui comprenaient les réseaux du Kenya, de la Tanzanie et de l'Ouganda, la vapeur est en voie de disparition, bien que plusieurs types de machines soient encore utilisés en Tanzanie. Malheureusement, les magnifiques Garratt 241 + 142 de la classe 59, d'un poids de deux cent cinquante tonnes, qui assuraient autrefois la liaison entre Mombassa, sur l'océan Indien, et Nairobi, capitale du Kenya, ont été remplacées par des Diesel, mais la majeure partie de ces machines réformées existent encore (sans être employées).

Comparativement à l'Afrique, le Moyen-Orient ne possède que peu de lignes ferroviaires, même si l'Egypte s'enorgueillit d'un réseau bien conçu, bâti sur l'ancien modèle britannique. Aujourd'hui, à l'exception d'exemplaires isolés en Jordanie, seule la Syrie conserve un parc réduit de locomotives à vapeur roulant sur des voies à l'étrange écartement levantin de 1 006 mm. Deux lignes principales partent de Damas : l'une traverse les montagnes pour se diriger vers la frontière libanaise ; cependant que l'autre prend la direction du sud (elle longeait jadis la route suivie par les pèlerins qui se rendaient à La Mecque). Les trains circulent jusqu'à Dar'a, à la frontière jordanienne, où des machines de formules 140 et 141 d'origine allemande fonctionnent encore. Des locomotives appartenant à d'autres types sont abandonnées sur les chantiers de Cadem à Damas.

2510

Page ci-contre : l'ultime survivante encore en activité de l'ancienne classe 25 des Mikado (formule 141) de l'East African Railway effectue des opérations de triage à Tabora. Cette machine fut construite en 1926 dans le Lancashire, par la Vulcan Foundry. La ligne la plus spectaculaire de toute l'Afrique de l'Est était celle qui reliait Mombassa, sur l'océan Indien, à la capitale du Kenya, Nairobi. Pendant très longtemps, cette ligne fut desservie par les magnifiques Garratt 241 + 142 "Mountain" (ci-dessus). Trente-quatre de ces monstres fonctionnant au mazout et baptisés du nom des plus hauts sommets de l'Afrique de l'Est furent livrées au Kenya en 1955 par le chantier Beyer Peacock de Gorton (Manchester). Pages suivantes : Ces Garratt 141 + 141 de la classe 16A circulent sur la ligne West Nicholson-Bulawayo, dans ce qui était encore la Rhodésie.

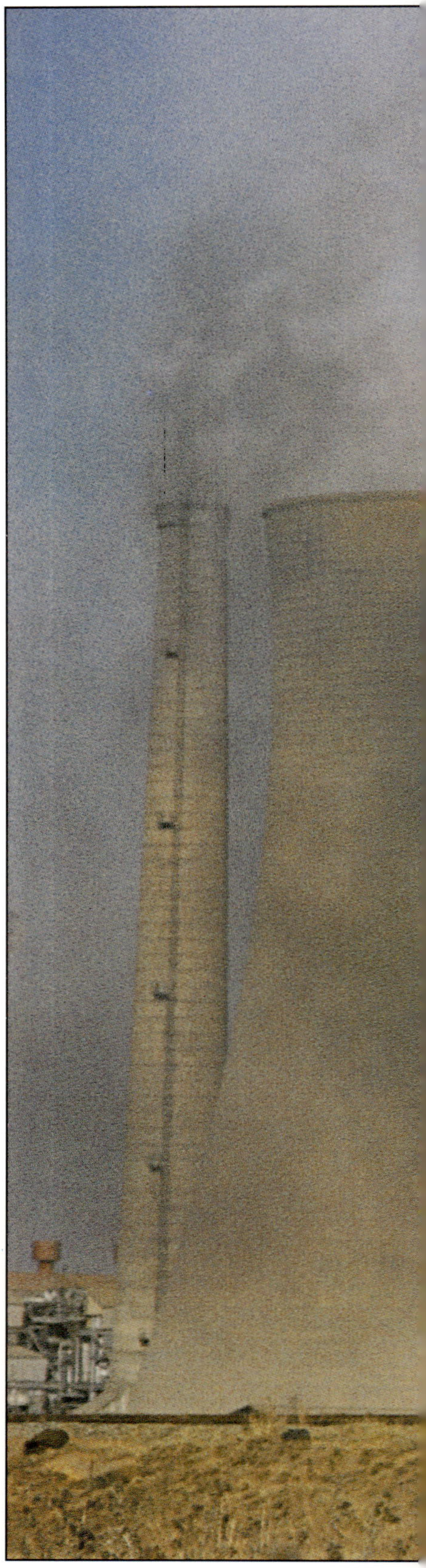

Bien que la traction à vapeur connaisse un rapide déclin sur les lignes principales des Chemins de Fer Sud-Africains, de nombreuses machines historiques sont encore en service sur les embranchements des houillères. Page ci-contre : une ancienne 241 de grande ligne se dirige de la houillère vers un sous-embranchement à la tête d'un train rempli de charbon. On peut admirer ces magnifiques locomotives-tenders 241 - ainsi qu'une variante de formule 242 - sur de nombreux sites industriels sud-africains. La houillère de New Largo possède deux 241 et une 242 construites dans les années cinquante par la firme North British de Glasgow. Des locos-tenders 242 sont utilisées en Afrique du Sud depuis le XIXe siècle, et ces machines, capables de tirer des trains de quatre cents tonnes sur des voies d'une déclivité de vingt pour mille, sont en fait des versions modernes de modèles antérieurs - le premier exemplaire fut construit en 1937. Ci-dessus : dans sa somptueuse robe chocolat, l'une des 242 de New Largo tire des wagons vides au pied des tours d'une centrale électrique.

DE AAR

Page ci-contre : (en haut) cette 240 classe 7A aux élégantes lignes victoriennes appartenait autrefois aux South African Railways poursuit aujourd'hui sa carrière sur les voies de la houillère Whitbank Consolidated. Elle était conçue pour tirer des trains de fret lourd. L'habitude de baptiser les locomotives fut adoptée par divers dépôts des chemins de Fer d'Afrique du Sud, et notamment celui de De Aar (en bas), où nombre des énormes 25 NC à formule de roues 242 prenaient le nom de la femme du mécanicien. Ci-dessous : les locomotives "hybrides" ne manquent pas sur les embranchements privés d'Afrique du Sud, les plus courantes étant les 241 à réservoirs latéraux, modifiées en locomotives-tenders. Les transformations sont effectuées sur place, ce qui produit parfois d'étranges résultats. Dans l'exemple ci-dessous - à la houillère Tweefontein United, au Transvaal - on obtient une 240 d'aspect colonial. De nombreuses raisons sont données pour ces conversions : les fuites d'eau hors des réservoirs provoquent des pertes d'adhérences, les boîtes d'essieu s'usent trop rapidement, et la capacité d'emport de combustible est insuffisante. Afin de retrouver une adhérence adéquate, des faux réservoirs remplis de ciment ou d'acier sont disposés le long de la plate-forme.

Ci-dessus et page ci-contre : trains à vapeur sur la ligne qui relie Damas au Liban. Le vendredi, jour de repos pour les musulmans, des trains spéciaux permettent aux habitants de Damas d'échapper à la chaleur accablante de leur ville et de passer quelques heures dans la fraîcheur des hauteurs. La guerre civile libanaise empêche depuis des années le trafic international sur cette ligne ; tous les trains s'arrêtent à Sergayah, du côté syrien de la frontière. Page ci-contre : une machine syrienne à formule de roues 130, construite en 1894 par la firme suisse SLM, s'apprête à ramener un train du soir de Sergayah à Damas. Ci-dessus : un train d'excursion bondé, qui ne circule que le vendredi, s'éloigne de Damas. Pages suivantes : tandis que les ombres s'allongent en ce début de soirée, le train de Damas quitte Sergayah, attelé à une 230 de construction suisse datant des années 1890.

La ligne qui partait de Damas pour se diriger vers le sud faisait autrefois partie de la route suivie par les pèlerins qui se rendaient à La Mecque. La construction commença en 1901 mais les Arabes, craignant que leur Ville Sainte ne fût profanée, refusèrent de laisser la ligne se poursuivre plus avant . Peu après, au cours de la Première Guerre mondiale, des tronçons de la ligne furent détruits par Lawrence d'Arabie. Aujourd'hui, seuls la partie syrienne et un tronçon jordanien demeurent en service. Page ci-contre : une Mikado construite par Hartmann monte en pression au dépôt de Cadem, à Damas, avant de remorquer un train de marchandises. Ci-dessus : l'ultime survivante d'une série de Consolidation (formule 140) fournies par Hartmann de Chemnitz aux Chemins de Fer du Hedjaz remorque un convoi mixte le long de la route des pèlerins, de Dar'a, à la frontière jordanienne, à Damas. Ci-contre : de retour le soir-même, elle fait une pause dans l'une des nombreuses petites gares de la ligne. Pages suivantes : deux des Mogul des Chemins de Fer Syriens montent en pression à Sergayah.

١٣٠-٧٥٢

LA VAPEUR EN AMÉRIQUE DU SUD

L'Amérique du Sud a ceci de commun avec l'Afrique qu'elle constitue une vaste région du monde composée de pays qui n'ont jamais construit leurs propres locomotives. La Grande-Bretagne fut le principal constructeur et fournisseur de chemins de fer de l'Amérique du Sud, non par le truchement de l'administration impériale, comme en Afrique, mais par le biais d'intérêts commerciaux et financiers. Les trains sud-américains comptent au nombre des plus fascinants et des plus variés du monde. Ils circulent dans des conditions fort diverses, à travers les Andes comme dans la forêt amazonienne, dans les plaines du Paraguay comme dans les étendues les plus désolées du Chili et de la Patagonie ou les riches pampas argentines.

L'Amérique du Sud est peut-être le dernier endroit au monde où l'on puisse encore faire de véritables découvertes dans le domaine des locomotives à vapeur. La modernisation a prélevé son lourd tribut, de nombreuses lignes ont été abandonnées, mais les poches qui subsistent sont tout à fait dignes d'intérêt. qu'il nous suffise de mentionner les derniers tramways à vapeur du monde, les surpuissantes Texas 152, les Mogul fonctionnant au bois de la principale ligne paraguayenne ou le chemin de fer le plus austral du monde, celui de Rio Gallegos, où des locomotives de type 151 remorquent des trains de charbon de deux mille tonnes.

Il fut une époque où l'Argentine possédait le réseau de chemins de fer le plus étendu du continent sud-américain - on prétend que les Britanniques y construisirent plus de lignes que dans leur propre pays. Les vastes et fertiles pampas doivent à la locomotive à vapeur d'être devenues l'un des greniers du monde. Les financiers et ingénieurs britanniques furent comme en Inde à l'origine de la création du réseau ferroviaire argentin, qui fut doté de très nombreuses machines à vapeur construites en Grande-Bretagne. Pendant de longues années, celles-ci brûlèrent du charbon importé du pays de Galles. L'inéluctable modernisation et le déclin général du transport par rail ont mis un terme à ce glorieux chapitre de l'histoire des chemins de fer.

Au Brésil, les survivantes de l'ère de la vapeur proviennent principalement des Etats-Unis. Le réseau le plus apprécié de ce pays est désigné sous le nom de Doña Teresa Cristina. Ses voies d'un mètre d'écartement servent au transport du charbon dans le sud. Cet ultime repaire des Texas 152 accueille aussi des 151 qui, avant leur rachat par le Brésil, opéraient sur le réseau argentin Belgrano. Les plantations de canne à sucre des régions de Campos et Recife ont conservé une remarquable diversité de locomotives à vapeur de construction américaine, britannique ou allemande, qui circulent sur des voies d'un mètre d'écartement ; nombre des modèles les plus anciens ont été réformés, victimes des fermetures de lignes et de la diésélisation.

La situation est plus brillante au Paraguay, où la dernière grande ligne au monde exclusivement desservie par des locomotives à vapeur s'étire sur trois cent soixante-treize kilomètres, d'Asunción à Encarnación, sur la frontière Argentine. Les changements apportés à ces chemins de fer ont été très modestes depuis l'adoption en 1910 de l'écartement standard. Quelques-unes des Mogul originelles sont encore en service, ainsi que d'autres modèles de construction britannique rachetés à la compagnie Argentine Urquiza. Le réseau paraguayen est l'un des plus pittoresques au monde ; les locomotives à vapeur qui circulent dans ce pays fonctionnent au bois et projettent à trente mètres de hauteur des braises rougeoyantes. Les ateliers d'entretien des machines de ce réseau (qui dans leur majorité sont encore des locomotives à vapeur) sont situés dans le village de Sapucay.

L'Uruguay est également un grand utilisateur de Mogul britanniques, et ce depuis le début du XXe siècle. Les chemins de fer uruguayens ont été financés et construits par la Grande-Bretagne ; nombre des locomotives provenaient des chantiers Beyer Peacock de Gorton. Les liens noués par Manchester avec la compagnie de production de viande de Fray Bentos ne sont sans doute pas étrangers au fait que cette ville ait fourni à l'Uruguay tant de ses locomotives. Les vieilles Beyer Peacock survivantes sont des locomotives-tenders de formule 130, dont certaines datent des années 1880. On trouve également en Uruguay les épaves des dernières locos-tenders suburbaines du monde à formule de roues 222. Ces machines aux élégantes proportions (qui rappellent certaines locomotives du réseau Wirral) sont les seules exemples au monde à présenter cette formule de roues - il n'en existe aucune en bon état de conservation. Des investissements massifs dans le réseau routier ont décimé les chemins de fer uruguayens, et les rares locomotives à vapeur qui subsistent sont le plus souvent reléguées à des tâches subalternes.

Dans les autres régions d'Amérique du Sud, le territoire de la traction à vapeur se réduit à quelques enclaves, où les machines sont souvent à l'état d'épaves : c'est notamment le cas des classiques American abandonnées dans le dépôt de Puerto *Eten, au Pérou, où l'on trouve une magnifique Rogers 220 à la cabine de bois. Des pièces rares tout aussi exotiques, telles que la dernière Ritson-Meyer 0330 articulée qui remorquait des trains de nitrate dans le désert d'Atacama, au Chili, appartiennent depuis peu à l'histoire des chemins de fer.

Dans la dernière période de la Buenos Aires & Great Southern Railway, de magnifiques 240 de construction britannique furent les principales locomotives spécialisées dans le transport du fret. Page ci-contre : un exemplaire appartenant à la dernière série livrée par la Vulcan Foundry en 1948, année où les chemins de fer argentins furent nationalisés.

1573

Le réseau argentin de la Buenos Aires & Great Southern Railway était presque entièrement financé, construit et géré par des Britanniques. Ses lignes principales d'écartement 1 676 mm ouvrirent au monde les fertiles pampas et permirent le transport d'extraordinaires tonnages de viande et de céréales vers les ports de l'Atlantique. Aujourd'hui, le caractère obsolète des chemins de fer et une diésélisation intensive ont eu raison de la plupart des locomotives à vapeur. Page ci-contre : une ancienne Prairie de la BAGS, construite en 1907 à Manchester, par Nasmyth Wilson, tire un train de ballast sur une voie d'évitement de Tandil. Ci-dessus et ci-contre : cette "Pug" de classique facture écossaise fut la dernière survivante d'une importante classe de Bourbonnais (formule 030) au réservoir installé à califourchon sur la chaudière, utilisées pour des manœuvres de triage. Elle fut construite par Kerr Stuart de Stoke-upon-Trent en 1913. Ces machines reprenaient de nombreuses caractéristiques d'une Pug écossaise à formule de roues 020 construite au milieu du XIXe siècle.

4606

FERROCARRILES ARGENTINOS
3350

Page ci-contre, en haut : la Prairie classe 10A N° 4606 se dirige vers Santa Fé, sur la voie métrique de la ligne argentine Belgrano. Cette machine fut construite par la Société Suisse en 1909 : à cette époque, les chemins de Fer de Santa Fé étaient français. Ci-dessus : le même jour, plus tôt, la N° 4606 avait été appelée à remplacer d'urgence une Diesel défaillante. Par de vigoureuses injections de pétrole dans le foyer, on la fit rapidement monter en pression. Bientôt, cette machine alors âgée de soixante-dix ans put remorquer la Diesel jusqu'au dépôt de Santa Fé et effectuer à sa place les manœuvres de triage. Page ci-contre, en bas : une ancienne 131 suburbaine de la BAGS achève sa carrière à la rotonde Ingeniero White, sur la côte atlantique. Ces superbes machines construites au début du XXe siècle se comportèrent admirablement sur les difficiles lignes de la banlieue de Buenos Aires. Pages suivantes : l'une des dernières 240 classe 15B d'Argentine, la N° 1583 - construite en 1948 par la Vulcan Foundry - remorque un lourd train de ciment sur la ligne Olavarria-Loma Negra.

USINA SANTA MARIA

USINA SANTA MARIA

Dans l'immensité du Brésil survivent quelques-unes des plus fascinantes locomotives à vapeur jamais construites. Les principales régions d'activité des machines à vapeur sont celles de Campos (plantations de canne à sucre) et, dans une moindre mesure, Recife. La diversité du parc traction de ces régions est clairement mise en évidence par ces photographies, qui présentent une 220, une 130 et une 140. Page ci-contre, en bas : cette belle Mogul, en service à l'Usina Santa Maria, est ici vue au cœur des plantations, où elle attend le chargement d'un convoi de canne à sucre. On remarque l'état de sa cheminée, rongée par des années d'efforts intenses. Cette machine appartenait à une série de Mogul livrées à la compagnie Leopoldina par Beyer Peacock, dans les années 1890. Elle portait alors le N° 204 - elle a d'ailleurs conservé sa plaque sur le côté de la cabine. Page ci-contre, en haut : l'Usina Santa Maria possède également cette élégante Consolidation, construite en 1904 par la firme de Glasgow North British, à l'intention de la compagnie Leopoldina. Elle pose auprès de tas de bagasse, que l'on utilise pour alimenter les chaudières de l'usine. Ci-dessous : cette élégante 220, actuellement en service à l'Usina San José, est l'une des plus belles locomotives à vapeur d'Amérique latine. Comme le révèle la plaque apposée sur la boîte à fumée, elle est sortie en 1896 du chantier de construction Atlas de la société Sharp Stewart de Glasgow.

B

139

Page ci-contre, en haut : cette Mogul classe B des Chemins de Fer Uruguayens, construite en 1889 par Beyer Peacock, effectue des manœuvres à Florida. Elle est accouplée à un tender à six roues et châssis externe portant des plaques Beyer Peacock. Page ci-contre, en bas : la dernière survivante des Consolidation classe T des Chemins de Fer Uruguayens, la N° 139 "Ing. Pedro Magnou", tire un train de fret mixte sur l'embranchement quelque peu délabré et envahit par les herbes folles qui mène au port de Fray Bentos, sur le Rio de la Plata. Cette classe comptait jadis huit locomotives, qui avaient été reconstruites en Uruguay à partir de Mogul Hawtorn Leslie exportées au début du XXe siècle. Notez la position inhabituelle de la plaque d'identification en cuivre, sur le côté du foyer. Ci-dessus : le Dodo de l'Atacama. La dernière Kitson Meyer 0330 au monde quitte Taltal, sur la côte pacifique du Chili, à la tête d'un train de ferraille. Le désert aride d'Atacama fut l'ultime refuge des Kitson Meyer, locomotives articulées qui annonçaient les Garratt.

Ci-dessus : la Mogul N° 52, baptisée *Asunción*, appartient à un modèle dont deux exemplaires ont été livrés en 1953 par la Yorkshire Engine Company, et qui sont les plus modernes des locomotives de la Ferrocarril Presidente Carlos Antonio Lopez du Paraguay. Page ci-contre : la *Don Carlos*, une Mikado construite à Leeds en 1916 par Manning Wardle.

Ci-dessus : les tristes vestiges du dépôt jadis important de Location (Chemins de Fer du Ghana). Au premier plan, la N° 181, une 230 construite par Robert Stephenson & Co ; à l'intérieur de la carcasse d'un hangar, deux Pacific Beyer Peacock sont en cours de démolition. Pages suivantes : l'un des plus vastes mausolées ferroviaires de Grèce se trouvait dans l'ancienne gare de Thessalonique. Ce site contenait une quarantaine de locomotives, dont certaines appartenaient à des types d'un grand intérêt historique. Trois de ces types sont ici représentés : au premier plan, une majestueuse Decapod (formule 150) autrichienne ; derrière elle, plusieurs 050 autrichiennes inspirées des créations de Karl Gölsdorf ; au fond à gauche, une S160 de construction américaine, importée en Grèce lors de la Deuxième Guerre mondiale.

CIMETIERES DE LOCOMOTIVES

Il émane d'une locomotive moribonde une "présence" obsédante. Les alignements de machines froides et inertes attendant d'être remorquées vers un chantier de démolition constituent un spectacle courant dans de nombreuses régions du monde. Nombre de ces machines ne sont même pas hors d'usage, ce qui rend leur situation plus poignante encore. Les locomotives réformées se retrouvent dans trois types de lieu. Certaines demeurent dans leur dépôt, seules ou en petits groupes derrière les hangars. D'autres sont rassemblées dans des "cimetières", à l'écart des dépôts et rotondes, cependant que d'autres encore achèvent leur existence dans des chantiers de démolition, où elles restent des semaines (plutôt que des mois ou des années) avant d'être dépecées.

La distinction entre un cimetière et un chantier de démolition est importante. Dans le premier, les machines rouillent en silence, et sont invariablement envahies par la végétation. Partout où rouille le métal, les fleurs sauvages paraissent prospérer. Les machines défuntes s'ornent parfois d'inflorescences mauves tout à fait appropriées dans ce cadre funèbre, où le silence n'est brisé que par le bourdonnement des insectes. Sur les chantiers de démolition, ces sons paisibles sont remplacés par les hurlements déchirants du métal que l'on découpe, dans une acide odeur d'acétylène. La démolition d'une locomotive est une tâche de grande ampleur, qui ne s'accomplit pas à l'aveuglette. La valeur des machines est élevée, car elles comportent des métaux de diverses qualités, dont certains (cuivre des boîtes à feu, par exemple) sont toujours fort recherchés.

Le chantier de démolition est un lieu d'intense activité, où les piles de métal évoluent presque quotidiennement, alors que dans un cimetière de locomotives rien ne paraît jamais devoir changer.

L'apparition d'un cimetière est souvent due à l'irrésolution des compagnies de chemin de fer : à la suite de la modernisation de tout ou partie d'un réseau, les locomotives sont mises de côté, "en réserve"... Peut-être devront-elles un jour reprendre du service, en cas de crise de l'énergie ou de guerre. Dans d'autres cas, les lourdeurs bureaucratiques font que l'on ne parvient pas à s'entendre sur les méthodes de démolition et le prix de vente de la ferraille ; la valeur de la ferraille augmentant généralement au fil du temps, cela n'incite pas aux décisions rapides. En Scandinavie, en Europe de l'Est et en Union soviétique, certaines machines sont préservées (elles sont par exemple graissées), mais il s'agit là d'exceptions. Dans la plupart des pays du monde, elles sont laissées à l'abandon et se détériorent lentement.

Les derniers instants des locomotives condamnées peuvent se dérouler de diverses manières. Parfois les machines sont dépecées sur les chantiers de la compagnie propriétaire, leurs pièces étant "cannibalisées" afin de maintenir en service d'autres exemplaires du même type. Elles peuvent également être vendues à des casseurs qui viennent les démanteler sur place ou les remorquent vers leur propre chantier. J'ai personnellement assisté à un spectacle fascinant dans une houillère de Pathardi, au Bengale, après qu'un ferrailleur local eut remporté le contrat de démolition d'une locomotive Beyer Peacock. Il se présenta au dépôt avec huit ouvriers ; ces hommes plantèrent une tente dans laquelle ils allaient vivre, puis ils entreprirent de dépecer l'infortunée machine à coups de marteau ! Lorsqu'il s'agit de démolir plusieurs locomotives, on considère cependant qu'il est plus commode de les transférer vers un chantier spécialisé.

Certains cimetières ont acquis une immense renommée ; ceux de Grèce, par exemple, étaient tout à fait particuliers. Certains de ces sites, qui avaient plus de quinze ans au moment de leur fermeture, contenaient aussi bien des modèles austro-hongrois que des locomotives américaines livrées dans le cadre de l'aide apportée par les Etats-Unis à ses alliés pendant la Deuxième Guerre mondiale.

En Grande-Bretagne, hormis quelques dépôts fermés qui contenaient des machines réformées en attente de démolition, la locomotive à vapeur disparut très rapidement - si l'on excepte les exemplaires qui trouvèrent refuge à Woodham's Yard, à Barry (au pays de Galles). Ce chantier de démolition, qui se mua ensuite en immense cimetière, accueillit à l'origine (au début des années 1960) plus de deux cents locomotives des British Railways. Seules quelques-unes furent démolies, de sorte que Woodham devint une véritable mine pour les restaurateurs de locomotives, qui eurent le temps de réunir les fonds nécessaires à l'achat des machines de leur choix. Des dizaines de locomotives quittèrent ainsi Woodham, dont certaines tirent actuellement des trains spéciaux sur les grandes lignes de British Rail ; aujourd'hui, trente ans après la relégation des premières machines de Barry, une ultime poignée de locomotives est en cours de sauvetage. Une visite sur le site suffit à dissiper une rumeur qui pourtant ressurgit régulièrement, et selon laquelle des centaines de locomotives, constituant une réserve stratégique, auraient été garées dans des tunnels abandonnés.

L'exemple de Woodham est malheureusement exceptionnel : les hauts lieux de la restauration des locomotives à vapeur sont bien rares, et les tristes carcasses qui subsistent encore de par le monde sombreront bientôt dans l'oubli. Qu'il soit néanmoins permis d'espérer que quelques humbles "chevaux de trait" qui aujourd'hui se morfondent sur une voie de garage seront un jour sauvés, pour témoigner devant les générations à venir de la grandeur de la plus belle légende du rail.

Θ.593
593
Θ

Ci-dessus : cette scène photographiée au milieu des années 1970 sur un chantier de démolition de Sultanpur, dans le nord de l'Inde, traduit bien l'importance des opérations de démantèlement de l'ancien parc traction d'origine britannique menées à cette époque. Sur la gauche, un alignement de 030 à cylindres internes datant du programme BESA ; à leur côté, la chaudière d'une Pacific de la classe XA (qui appartenait au standard X des années vingt et trente). La plaque provenant de la cabine de la machine de gauche indique qu'il s'agissait d'une classe SGS, les lettres "LKO" étant une abréviation de Lucknow, ultime dépôt de rattachement de cette locomotive construite en 1923 à Newcastle, par Armstrong Whitworth. Page ci-contre : un piston repose parmi d'autres pièces rongées par la rouille, dans un coin du chantier de démolition.

36779
SGS

Page ci-contre : sur le chantier de Sultanpur, la chaudière d'une Bourbonnais SGS à cylindres internes révèle ses tuyaux couverts de tartre. Le dôme est tombé à terre, tout comme la lanterne. Les chiffons imbibés de pétrole qui brûlent au premier plan servent à allumer le chalumeau à acétylène. Ci-dessus : voici venue la dernière heure pour cette imposante Mikado classe XE construite en 1930 par William Beardmore de Dalmuir, en Ecosse. Pendant près d'un demi-siècle, ces géantes tirèrent des trains de charbon de deux mille tonnes à travers les terres vallonnées du Bengale. Quatre-vingt-treize de ces machines furent mises en service entre 1928 et 1945. La Consolidation de type BESA que l'on aperçoit à l'arrière-plan souligne le caractère imposant de la XEs - qui fut la plus puissante locomotive conventionnelle des Indian Railways.

Ci-dessus : l'histoire de deux locomotives. La N° 514, appartenant à la classe 500 des Chemins de Fer du Soudan, est étendue comme une bête morte à côté de la ligne Rabak-Knana, qu'elle a quitté accidentellement il y a bien des années. A l'arrière-plan, la N° 541, construite suivant le même modèle, s'approche à la tête d'un convoi mixte. Les machines de la classe 500 sont les plus puissantes tractrices de trains de fret du Soudan, à qui elles ont été livrées dans les années 1950 par les chantiers North British de Glasgow, dans le cadre d'un plan d'aide. Lorsque cette photographie fut prise, en 1983, une grave pénurie de pièces détachées avait eu pour conséquence la réduction au nombre de trois des exemplaires de cette classe encore en service, et ce en dépit du fait que ces machines étaient nécessaires et mieux adaptées à la situation soudanaise. On note aujourd'hui une certaine amélioration, les Britanniques ayant - tardivement - décidé de fournir des pièces détachées. Page ci-contre : l'épave de la Pacific des Chemins de Fer du Soudan N° 245, la *Khor Doniya*, construite par North British, gît au bas d'un talus, près du tronçon de ligne légère Sennar-Damazeen. Le désastre se produisit au cours d'une nuit de pluies exceptionnelles, qui provoquèrent l'effondrement du remblai. La machine est irrécupérable, et reposera à jamais en ce lieu perdu.

Page ci-contre : l'ambiance qui règne dans les cimetières de locomotives est parfaitement illustrée par cette scène des chantiers de Cadem, à Damas, où l'on peut voir la dépouille d'une Hartmann à formule de roues 140 datant du début du XXe siècle. Ci-dessus : le modèle de roues 021 fut l'un des premiers employés dans l'histoire des trains de passagers à vapeur ; les machines de ce type apparurent dans les années 1830 et disparurent presque complètement dans les premières décennies du XXe siècle, aussi la découverte de cette carcasse à Jacva, dans les années 1970, fut-elle d'une grande importance historique. Ce modèle fut livré dans les années 1880 à Java, qui disposait d'un réseau à écartement normal ; mais celui-ci cessa d'être fréquenté en 1942, quand les Japonais envahirent l'île. Cette étonnante survivante demeura donc abandonnée dans la jungle pendant trente-cinq années.

Page ci-contre : la locomotive classe PX27 des Chemins de Fer d'Etat polonais N° 775, à formule de roues 040 et voie de 600 mm, est abandonnée près de Wenecja. Ci-dessus : dans le cimetière de Czarna Biolostocka, cette machine - N° 232, classe TX de la Feldbahn construite en 1916 par Henschel.

Ci-dessus : cette incroyable Mallet 0330 à quatre cylindres compound de la Insular Lumber Company gît à l'abandon depuis la cessation d'activité de la scierie. L'atmosphère "hantée" qui a toujours entouré cette machine au cours de sa carrière mouvementée est toujours perceptible. Page ci-contre : cette 021 à réservoir latéral, abandonnée sur la ligne privée de la plantation Rejo Agung, est l'un des modèles les plus rares que compte l'île de Java. Elle a été construite en par la Dickson Manufacturing Company de Scranton, en Pennsylavanie, qui a produit sa dernière machine en 1909. Cet exemplaire appartient à une série de cinq exportée à Java en 1900.

Page ci-contre : l'épave de la *Tithorea*, l'une des majestueuses Decapod autrichiennes de la classe 580 qui jusque dans les années 1960 tirèrent de lourds trains de passagers sur la grande ligne Athènes-Thessalonique. A la suite d'un accident, cet exemplaire fut poussé dans un taillis au bord de la voie et abandonné. Ci-dessus : les premières Decapod britanniques furent construites - par les chantiers de la North British - à des fins militaires durant la Première Guerre mondiale. Les seize exemplaires cédés à la Grèce au lendemain du conflit survécurent beaucoup plus longtemps que leurs sœurs des autres pays. Leur faible charge axiale les rendait utilisables sur des lignes très variées, et en particulier dans le nord, sur la ligne principale menant vers la frontière turque. Trois de ces machines de la classe Lb des Chemins de Fer d'Etat grecs sont ici photographiées dans le cimetière des locomotives de Thessalonique. Pages suivantes : une autre Decapod de la classe autrichienne 580, vue dans le cimetière de Thessalonique, dans le nord de la Grèce.

Ci-dessus : la fin de l'ère de la vapeur au Ghana ; ces locomotives de construction britannique reposent sur le chantier de Location. Au centre, une Hunslet à formule de roues 040, à gauche une Pacific Beyer Peacock, et à droite une Vulcan Foundry 241. Page ci-contre, en haut et en bas : ces plaques témoignent de l'origine des machines aujourd'hui abandonnées à Location. Pages suivantes : l'abandon des transports ferroviaires à l'intérieur des plantations de canne à sucre de la région de Tebicuary, au Paraguay, rendit ces vénérables machines à voie métrique inutiles. Une Orenstein & Koppel de formule 020 (à gauche) repose aux côtés de la *Baby Chaco*, une Bourbonnais de 1898 à transmission Stephenson. Dernière page : à l'apogée de sa gloire, cette belle American (formule 220) emmenait de luxueux trains de passagers sur les voies métriques de la ligne brésilienne de la compagnie Mogiana ; elle apaprtenait à une classe de machines exportées vers le Brésil par la firme de Glasgow Sharp Stewart, dans les années 1890. Comparez cette triste épave avec l'une de ses "sœurs", représentée dans toute sa splendeur à la page 211.

253
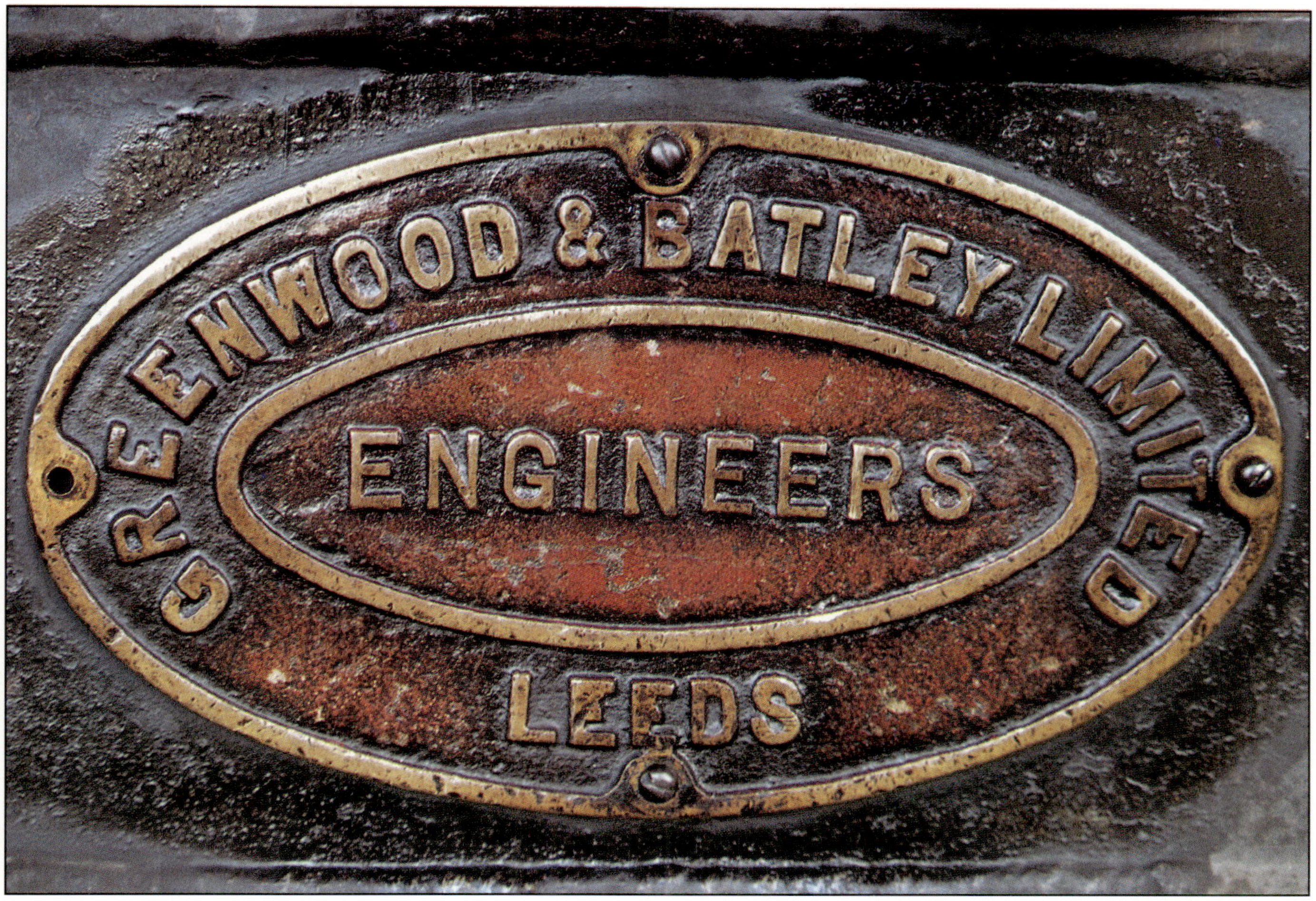
GREENWOOD & BATLEY LIMITED
ENGINEERS
LEEDS

BEYER PEACOCK & Co Ld
7259
MANCHESTER. 1948.